FLOW-3D 在水利工程中的应用

（下　册）

郑慧洋　李桂青　吕会娇　禹胜颖　苏通　著

黄河水利出版社

·郑　州·

内容提要

FLOW-3D 是一款高精度计算流体动力学(CFD)软件,以三维瞬态的自由液面解算技术为其核心优势,用于解决世界上最棘手的计算流体动力学问题。FLOW-3D 为工程技术人员提供了一个完整的、通用的计算流体动力学仿真平台,用于研究各种工业应用和物理过程中液体及气体的动态特性,自 1985 年正式推出商业版之后,就以其功能强大、简单易用、工程应用性强的特点,逐渐在 CFD(计算流体动力学)中得到越来越广泛的应用。FLOW-3D 在水利工程数值模拟方面优点明显,近年来软件技术发展迅速,为更好地利用该软件解决水利工程问题,因而编写此书。本书共分上、中、下三册,详细地阐述了 FLOW-3D 软件的基本操作步骤、简单典型例题分析、实际工程应用(包括与物理模型对比分析)等内容,为利用软件解决实际工程问题及应用推广提供了宝贵的经验。

本书可以作为从事水利工程勘测、设计、施工、运行人员的工具书,也可供科研、教学等方面的科技人员及大专院校相关专业师生参考使用。

图书在版编目(CIP)数据

FLOW-3D 在水利工程中的应用:全三册/王立成等著.—郑州:
黄河水利出版社,2020.9
ISBN 978-7-5509-2752-0

Ⅰ.①F… Ⅱ.①王… Ⅲ.①水利工程-计算-仿真-应用软件
Ⅳ.①TV222-39

中国版本图书馆 CIP 数据核字(2020)第 134733 号

出　版　社:黄河水利出版社　　　　　　　　网址:www.yrcp.com
　　　　　地址:河南省郑州市顺河路黄委会综合楼 14 层　邮政编码:450003
发行单位:黄河水利出版社
　　　　　发行部电话:0371-66026940、66020550、66028024、66022620(传真)
　　　　　E-mail:hhslcbs@ 126. com
承印单位:广东虎彩云印刷有限公司
开本:890 mm×1 240 mm　1/16
印张:37
字数:880 千字
版次:2020 年 9 月第 1 版　　　　　　　　印次:2020 年 9 月第 1 次印刷

定价(全三册):158. 00 元

前 言

20世纪60年代以来,随着计算机的问世和现代科学技术的飞速发展,各种数值计算方法日新月异,水力学涌现出一批新兴的分支学科。计算水力学、试验水力学、水工水力学、环境水力学、资源水力学、生态水力学、非牛顿流体力学、多相流流体力学、可压缩流体力学等等。数值模拟技术已经成为水力学发展的一个重要分支,对水力学发展起到了积极的作用。

FLOW-3D是一套全模块完整分析的软件,包括前处理器、全模块的计算解法器及后处理器。该软件包含所有模拟模块,不需要额外的加购其它模块就可以模拟上述水利工程应用、视窗化的使用接口、监视模拟情形的控制台以及产生二维和三维模拟动画并打印结果。

FLOW-3D同时兼具准确性和高效性,能够导入各种CAD(iges、parasolid、step····)转化而成的STL格式,三维水工结构可透过STL格式档可分别汇入后装配成一体结构,可直接汇入地形高程图档产生水工结构周围的地形结构。软件采用有限差分/控制体积法网格划分产生结构化网格及部分面积和业界领先的TruVOF算法产生部分体积网格,细小的几何细节也可以通过较少的网格数量完成描述,并采用多网格区块及叠加区块技术,以使得网格加密,能够配合不同的区块精度设定,以适当的网格数量描述复杂的结构特征,更有效地生成不同大小的网格,且能根据特定的区域做局部网格加密设定,生成高质量的体网格,无需清理修补网格。软件的计算核心采用真实流体体积法技术进行流场的自由液面追踪,能够精确地模拟液气接触面每一尖端细部流体的流动细节现象。FLOW-3D软件对实际工程问题的精确模拟与计算结果的准确性都受到用户的高度赞许。

在多年的发展中,FLOW-3D显示出了自己的功能特点,成为一款工程师们必不可少的高效能计算仿真工具,工程师可以根据自定义多种物理模型,应用于各种不同的工程领域。FLOW-3D具有完全整合的图像式使用界面,其功能包括导入几何模型、生成网格、定义边界条件、计算求解和计算结果后处理,也就是说一个软件就能使使用者快速地完成从仿真专案设定到结果输出的过程,而不需要其他前后处理软件。FLOW-3D自带的划分网格工具,结合了简单矩形网格弹性化设计的优点,这种特色称为"free-gridding",可自行定义固定格点的矩形网格区块生成网格,不仅易于生成网格,而且建立的网格与几何图档不存在关联性,可以自由变更,且网格不受几何结构变化的限制。这个特色大幅度取代了有限元素网格必须与几何图档建立关联,不易变更网格图档的缺点。利用这种自行定义固定格点的矩形网格区块(因为容易产生,并适用于各种仿真模拟),流体可为连续或者不连续的状态。这样的特性可提升计算精确度、较少的内存量以及较为简单的数值近似。FLOW-3D提供多网格区块建立技术,使得在对复杂模型生成网格时,在不影响其他计算区域网格数量的前提下,对计算区域的局部网格加密。该技术能够让有限差分法计算更有弹性,并且更具效率。在标准的有限差分法网格中,局部加密可能会造成网格大幅增加,因为局部加密网格会对整体网格的三维方向造成影响。而采用多网格区块,能够采用连接式(Linked)或者是巢式(Nested)网格区块进行网格建立,针对使用者希望察觉问题的部分做局部加密,而不影响整体网格。使用者可以用较少的硬件资源完成复杂的计算。FLOW-3D 独有的 FAVORTM 技术(Fractional Area/Volume Obstacle Representation),使其所采用的矩形网格也能描述复杂的几何外形,从而可以高效率并且精确地定义几何外形。FLOW-3D 与其它 CFD 软件最大的不同,在于其描述流体表面的方法。该技术以特殊的数值方法追踪流体表面的位置,并将适合的动量边界条件施加于表面上。在 FLOW-3D 中,自由液面是以由一群科学家(包括 FLOW Science 的创始人 Dr. C. W. Hirt)组织开发的 VOF 技术计算而得。许多 CFD 软件宣称其拥有与 VOF 类似的计算能力,但是事实上仅采用了 VOF 三种基本观念中的 1 种或 2 种,采用伪 VOF 计算可能得到不正确的结果。而 FLOW-3D 拥有 VOF 技术中的全部功能,并且已被证明能够针对自由液面进行完整的描述。另外,FLOW-3D 更基于原始的 VOF 理论,进一步改进开发了更精确的边界条件以及表面追踪技术,称为 TruVOF,该算法能够准确地追踪自由液面的变化情况,使其能够精确地模拟具有自由界面的流动问题,可精确计算动态自由液面的交界聚合与飞溅流动,尤其适合高速高频流动状态的计算模拟。

　　本书主要内容是如何使用 FLOW-3D 进行管理、分析、建模等操作,进一步促进 FLOW-3D 软件在水利行业的应用,为水利工程企业节省可观的成本和时间。上册系统地介绍了数值计算的基本控制方程、结构化网格法、TruVOF 流体体积法、FAVORTM 方法,认识并如何使用管理、建模、分析、显示等用户图形界面。了解到单位系统及其后处理,例如:如何打开结果/重新加载结果,以及如何生成点,一维、二维、三维的相应结果数据。了解到各种边界条件,如壁面是否考虑滑移(slip/no-slip walls free/partial-slip walls)、壁面粗糙度(wall roughness)、速度/体积流量边界、质量源(mass/mass sources)、压力/静水压边界(pressure/hydro-static pressure boundary conditions)、出流边界(outflow boundaries)及后处理分析;中册通过简单水利工程实例,让读者学会水利工程数值模拟计算的操作步骤;下册为实际工程案例应用,通过 FLOW-3D 的数值模拟结果和工程物理模型试验结果的对比,使读者能将 FLOW-3D 真正的用于工程,节约成本和时间!

　　全书由王立成统稿,吕中维、李永兵、林锋、郑慧洋、田新星、董承山对本书进行校核,其中上册由王立成、林锋、田新星、赵琳、朱涛、赵彦贤著写;中册由李永兵、吕中维、董承山、武帅、崔海涛、邓燕著写;下册由郑慧洋、李桂青、吕会娇、禹胜颖、苏通著写。

编　　者

2020 年 8 月

目　　录

1　软件概述 ··· 1
  1.1　FLOW-3D 简介 ··· 1
  1.2　FLOW-3D 软件的操作相关 ····································· 3
  1.3　水利工程常用的物理模型 ······································· 5
2　FLOW-3D 分析步骤 ··· 6
  2.1　输入图档与建立网格 ··· 6
  2.2　输入成型条件 ··· 6
  2.3　数值选项 ··· 7
  2.4　边界条件与初始条件 ··· 7
  2.5　预处理、模拟计算与结果 ·· 7
3　FLOW-3D 实体建模过程 ··· 9
  3.1　实体建模方法 ··· 9
  3.2　实体属性选择 ·· 10
4　FLOW-3D 网格划分及模型建立 ······································ 12
  4.1　概　述 ·· 12
  4.2　网格划分 ·· 12
  4.3　网格边界条件 ·· 16
  4.4　初始化设置 ·· 17
  4.5　输出设置 ·· 18
  4.6　数值运算设置 ·· 19
  4.7　FLOW-3D 软件网格划分优势 ··································· 20
  4.8　应用实例 ·· 21
5　加载与求解 ··· 31
  5.1　概　述 ·· 31
  5.2　预检查(Simulation Pre-check) ································· 33
  5.3　预处理(Preprocessing) ·· 35
  5.4　运行求解器(Running the Solver) ······························ 35
  5.5　命令行操作方式(Command Line Operations) ···················· 35
  5.6　加载与求解实例 ·· 37
6　FLOW-3D 后处理 ··· 40
  6.1　概　述 ·· 40
  6.2　在 FLOW-3D 中进行后处理 ···································· 40
  6.3　在 FlowSight 中进行后处理 ···································· 46

7 复杂模型建立 ………………………………………………………………… 57
  7.1 概　述 ………………………………………………………………… 57
  7.2 复杂模型创建及导入流程 …………………………………………… 57
  7.3 STL 相关工具 ………………………………………………………… 64
  7.4 小　结 ………………………………………………………………… 69
8 简单实例及操作步骤 …………………………………………………………… 70
  8.1 练习 1 ………………………………………………………………… 70
  8.2 练习 2 ………………………………………………………………… 81
  8.3 练习 3 ………………………………………………………………… 89
  8.4 练习 4 ………………………………………………………………… 101
  8.5 练习 5 ………………………………………………………………… 107
  8.6 练习 6 ………………………………………………………………… 114
  8.7 练习 7 ………………………………………………………………… 120
  8.8 练习 8 ………………………………………………………………… 129
  8.9 练习 9 ………………………………………………………………… 135
  8.10 练习 10 ……………………………………………………………… 141
  8.11 练习 11 ……………………………………………………………… 145
  8.12 练习 12 ……………………………………………………………… 158
9 水力学操作实例 ………………………………………………………………… 168
  9.1 概　述 ………………………………………………………………… 168
  9.2 分析流程图 …………………………………………………………… 169
  9.3 操作算例 ……………………………………………………………… 169
10 水力教程详解 ………………………………………………………………… 201
  10.1 问题提出 …………………………………………………………… 201
  10.2 建　模 ……………………………………………………………… 201
11 抗冲磨混凝土优化设计 ……………………………………………………… 212
  11.1 高强混凝土 ………………………………………………………… 212
  11.2 聚脲的高分子涂层 ………………………………………………… 212
  11.3 原设计情况简介 …………………………………………………… 212
  11.4 原设计有可能存在问题 …………………………………………… 217
  11.5 数值模拟计算 ……………………………………………………… 217
  11.6 水工模型试验 ……………………………………………………… 221
  11.7 结论和建议 ………………………………………………………… 239
12 混凝土坝表孔泄流模拟分析 ………………………………………………… 246
  12.1 巴基斯坦帕坦水电站模型试验研究 ……………………………… 246
  12.2 SETH 水电站模型试验研究 ……………………………………… 286
13 溢洪道泄洪分析 ……………………………………………………………… 308
  13.1 鸭寨水库溢洪道模型试验研究 …………………………………… 308

　　13.2　帕古水库溢洪道数模物模比较分析 ……………………………………… 346

14　泄洪管道分析 …………………………………………………………………… 381

　　14.1　某工程旋流竖井泄洪洞 ………………………………………………… 381

　　14.2　某工程泄流底孔 ………………………………………………………… 431

15　过鱼设施水力模拟分析 ……………………………………………………… 459

　　15.1　某工程鱼道局部模型试验研究 ………………………………………… 459

　　15.2　湘河水利枢纽工程鱼道局部模型试验研究 …………………………… 492

　　15.3　凤山水库工程集鱼系统整体模型试验研究 …………………………… 531

14 泄洪管道分析

14.1 某工程旋流竖井泄洪洞

14.1.1 工程概况

根据枢纽工程总体布置,某工程旋流竖井泄洪洞(以下也简称泄洪洞)布置于右岸,经洪水调节计算知水库设计洪水位 444.72 m,泄洪洞相应泄量 244.00 m³/s,水库校核洪水位 445.27 m,泄洪洞相应泄量 416.00 m³/s。

旋流竖井泄洪洞由侧堰段、渐变段、调整段、收缩段(该段以上部分又称为溢洪道段)、涡室与竖井段、压坡段、泄洪洞明流段、消力池台阶段、消力池段、调整段连接段、台阶消能段、消力池段及海漫段组成,全长约 514.53 m。

进口段:旋流竖井泄洪洞进口采用侧向进水,桩号为溢 0−096.55—溢 0−011.55,总长 85.0 m。侧堰采用实用堰,无闸控制,1 孔,堰顶高程与正常蓄水位同高为 443.50 m,堰顶采用三圆弧+幂曲线后接一直线段,坡度为 1:0.8,堰上游端部分为三面进水。侧槽纵向长 85.0 m,底宽度由 6.0 m 渐变为 11.0 m,纵坡 $i=0.01$,槽深由 6.50 m 渐变为 10.19 m,底板高程由 437.00 m 渐变到 436.21 m。侧堰下游接桩号溢 0−011.55—溢 0+003.45 段的渐变段,底板高程 436.21 m,其后为桩号为溢 0+003.45—溢 0+023.45 的调整段。

收缩段:桩号溢 0+023.45—溢 0+081.45 为开敞式收缩段,与涡室相衔接,收缩段底坡为 1:10.0,底板宽度由 11.00 m 收缩到 5.67 m。

泄洪洞明流段:桩号为洞 0+000.00—洞 0+176.56,其中洞 0+000.00—洞 0+020.60 为压坡段,压坡孔口高度为 4.00 m,洞底宽 6.50 m,桩号洞 0+020.60 以下明流洞断面为城门洞形,洞底宽 6.50 m,边墙高度 6.62 m。

消力池台阶段:桩号池 0+000.00—池 0+033.59 为扩散式明槽台阶段,台阶高度为 1.0 m,台阶水平长度为 3.0 m。

消力池段:桩号为池 0+033.59—池 0+076.44,长 42.85 m,消力池为扩散式,底板宽度由 8.51 m 渐变到 11.00 m,边墙高度为 15.50 m。

调整段:桩号池 0+076.44—池 0+088.44 为池后调整段,长 12.00 m,纵向坡降为零的矩形渠道,底板高程为 367.00 m,渠道底宽 11.00 m,渠道深度为 11.5 m。竖井泄洪洞平面布置图及剖面图如图 14-1 和图 14-2 所示。

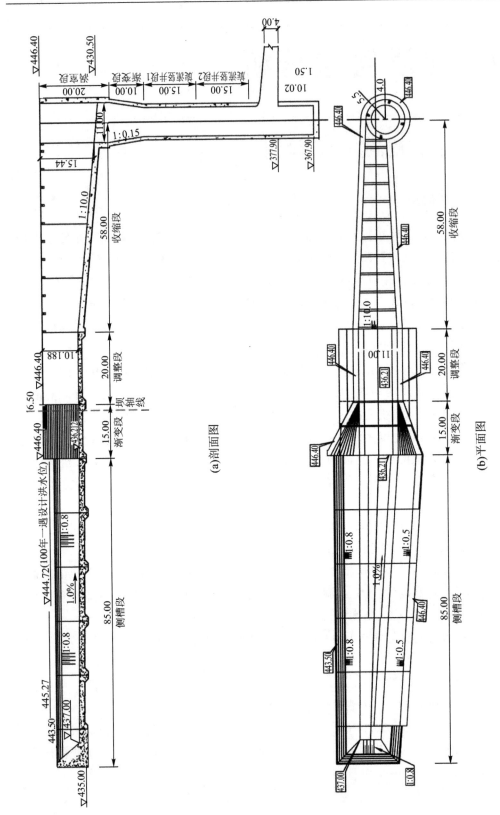

图 14—1　竖井泄洪洞（竖井上游段）（单位：m）

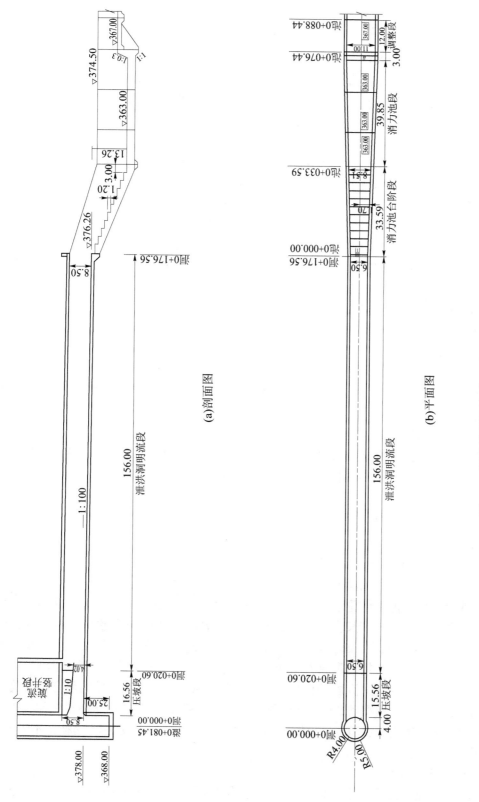

(a)剖面图

(b)平面图

图14-2 竖井泄洪洞(竖井下游段)(单位:m)

14.1.2　研究内容与技术路线

14.1.2.1　试验目的及内容

在前期研究的基础上,通过模型试验对某工程旋流竖井泄洪洞设计方案进行水力学验证,对侧堰段、收缩段、涡室与竖井段、压坡段、泄洪洞段及消力池结构体型不合理的部分进行优化,最终推荐结构尺寸合理、水力学条件较优的方案,为设计提供科学依据。

(1)通过模型试验,观测各特征水位下的下泄流量,绘制泄流能力曲线等。

(2)观测泄洪洞不同工况、不同部位的水流流态,对不良流态进行分析研究,对相关体型进行优化。

(3)优化涡室上游溢洪道段的布置和结构尺寸,使水流能以较为合理的流态进入涡室,并观测溢洪道段的水力学参数,以确定溢洪道段的体型尺寸。

(4)通过试验对涡室结构、体型进行优化,确保重要工况下泄水流均能下得去,旋得起,并使水流贴壁进入竖井。

(5)通过试验对竖井底部消力井及出口压坡段体型进行优化。

(6)通过模型试验,验证泄洪洞明流段出口消能设施的可行性,并通过试验选择合理的消能工体型。

14.1.2.2　研究方法和技术路线

通过建立物理模型试验和数学模型计算相结合的综合技术手段开展,对泄流量、流速及流态进行了模拟研究。

14.1.2.3　水工模型介绍

根据模型试验要求,模型设计需要满足几何相似、水流运动相似和动力相似,因此,模型制作遵循佛汝德相似准则并结合实验室场地等条件进行。

几何比尺 $L_r = 40$;

流量比尺:$Q_r = L_r^{5/2} = 10\,119.288\,51$;

流速比尺:$v_r = L_r^{1/2} = 6.324\,55$;

时间比尺:$T_r = L_r^{1/2} = 6.324\,55$;

糙率比尺:$n_r = L_r^{1/6} = 1.849\,31$。

模型上游库区模拟范围为桩号溢 0+000.00 以上 176.89 m(合原型,下同),下游河道模拟长度 290.37 m,其中动床长度为 133.93 m,定床长 60.00 m;模型库区模拟宽度 160.00 m,地形模拟高程 447.00 m,下游河道模拟宽度为 120.00 m,地形模拟高程 382.00 m。模型库区和下游河道地形按天然河道或人工开挖设计进行模拟;竖井旋流泄洪洞进口段、收缩段、涡室竖井段、泄洪洞明流段、消力池台阶段、消力池段及池后调整段均用有机玻璃制作。考虑到下游河道模型动床段均已做整治和防护处理,故该河段动床冲料粒径未按覆盖层抗冲流速计算的冲料粒径来模拟,仅用中值粒径约 0.9 mm 的天然河沙来做河床防护体的基料。

14.1.2.4　数学模型介绍

通过运用流体力学软件 FLOW-3D 建立三维数学模型,对不同工况进行数值模拟分析,与物理模型的试验成果进行对比论证,从而更加详细地为竖井泄洪洞设计提供数据支持与技术参考。

1.计算工况

根据任务书要求,本次数值模拟验证竖井泄洪洞在不同水位下的泄流能力;对不同水位下的竖井泄洪洞泄流流态、水力特性进行了研究。本次计算工况3组,具体计算工况列于表14-1。

表 14-1 计算工况

工况	计算内容	
库水位(m)	泄流能力	水力特性
445.27	√	√
444.72	√	√
444.60	√	√

2.计算区域

计算区域包括库区 200 m×100 m(长×宽)、竖井泄洪洞、下游河道 100 m×100 m(长×宽),如图 14-3 所示。

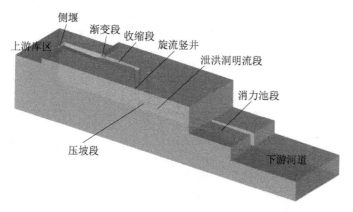

图 14-3 计算区域

3.边界条件及网格划分

上游库区距溢流坝 200 m 为进流边界,下游河道取 100 m 为出流边界,进/出流边界断面给定水位,其压强均按静水压强给出;固体边界采用无滑移条件;液面为自由表面。如图 14-4 所示。

上游库区、竖井泄洪洞、下游河道均采用立方体网格,库区网格 0.5~1.0 m,在旋流竖井及泄流明流段附近加密,其网格 0.25 m,消力池段网格 0.5 m,下游河道网格 1.0 m,网格总数约 3.94×10^6 个。

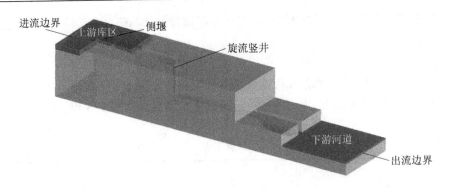

图 14-4 边界条件及网格划分

14.1.3 物理模型试验成果

模型试验对旋流竖井泄洪洞(以下简称泄洪洞)的泄流能力进行了率定,对校核洪水位工况与设计洪水位工况的水力参数、进出口流态进行了观测,成果叙述如下。

14.1.3.1 泄洪洞的泄流能力

泄洪洞泄流能力试验数据见表 14-2,水位流量关系曲线如图 14-5 所示,特征水位的设计泄量与模型实测泄量比较见表 14-3。

表 14-2   泄洪洞泄流能力试验数据表

流量 $Q(\mathrm{m^3/s})$	60.00	109.06	132.00	179.48	243.94	268.41
水位 $H(\mathrm{m})$	444.15	444.33	444.40	444.54	444.72	444.80
流量 $Q(\mathrm{m^3/s})$	318.43	369.02	391.80	413.05	428.99	464.19
水位 $H(\mathrm{m})$	444.92	445.04	445.15	445.27	445.45	445.77

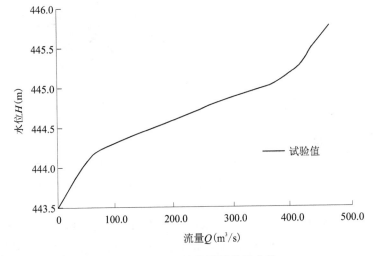

图 14-5 泄洪洞水位流量关系曲线

表 14-3　　　　　　　　　泄洪洞设计泄量与试验实测泄量比较

库水位(m)		设计泄量(m³/s)	实测泄量(m³/s)	差值 Δ(%)
校核洪水位水位	445.27	416.00	413.05	-2.95(-0.71%)
设计洪水位	444.72	244.00	243.94	-0.06(-0.02%)

注:差值 Δ=实测泄量-设计泄量;(%)=差值 Δ/设计泄量(%)。

由图 14-5 及表 14-3 可见,泄洪洞特征工况模型实测泄量略小于设计计算值,考虑到模型缩尺影响,可以认为模型实测泄量与设计计算值基本一致,泄流能力满足设计要求。

14.1.3.2　泄洪洞溢流堰流量系数

泄洪洞溢流堰流态为堰流,其流量系数用式(14-1)计算:

$$m = \frac{Q}{B\sqrt{2g}H_0^{1.5}} \tag{14-1}$$

式中　m——含侧收缩及流态影响的综合流量系数;

　　　　Q——模型实测流量,m³/s;

　　　　B——溢流堰宽,m,本工程溢流堰实际溢流长度为 111.98 m;

　　　　H_0——堰上水头,m。

计算的特征水位的流量系数见表 14-4。

表 14-4　　　　　　　　　泄洪洞溢流堰特征水位的流量系数

库水位(m)		实测泄量(m³/s)	流量系数
校核洪水位	445.27	413.05	0.354
设计洪水位	444.72	243.94	0.365

可见,校核洪水位工况和设计洪水位工况时溢流堰的流量系数偏小。

14.1.3.3　校核洪水位工况溢流堰泄流淹没度分析

以侧槽上游端溢流堰(溢 0-086.55 断面)、侧槽中部溢流堰(溢 0-050.86 断面)及侧槽末溢流堰(溢 0-011.55 断面)对应的侧槽断面水深为例,侧槽上游端溢流堰(溢 0-086.55断面)、侧槽中部溢流堰(溢 0-050.86 断面)及侧槽末溢流堰(溢 0-011.55 断面)对应的下游堰高 P_2 分别为 6.54、6.69、7.29 m,$H_{校}$ 为校核洪水位工况的堰顶水头($H_{校}=1.77$ m),则 $P_2/H_{校}$ 分别为 3.69、3.77 和 4.12 均大于 2,为非淹没出流;若 h_s 为下游堰顶以上水头,则上述 3 个部位溢流堰对应的下游堰顶以上水头分别为 1.38、1.23、0.39 m(侧槽底板高程+侧槽中线水深-堰顶高程),则 $h_s/H_{校}$ 分别为 0.78、0.70、0.22 均大于 0.15,为淹没出流。

从上述淹没堰流的两个判断条件来看,校核洪水位工况时,下游堰高不构成淹没堰流,但侧槽水深从首堰断面到末堰断面均超过堰顶,侧槽水体对过堰水流起到了顶托作用,从而导致溢流堰泄流能力下降,这就是校核洪水位工况泄量偏小的原因。

14.1.3.4　泄洪洞工况试验

为验证泄洪洞体型设计的合理性,试验对校核洪水位工况和设计洪水位工况两工况的侧槽流态、溢洪道收缩段流态、涡室与竖井流态、泄洪洞明流洞流态、台阶段流态、消力池流态、沿程水深、沿程压强及特征断面流速垂线分布进行了观测,并对明流洞洞顶余幅和泄洪洞消能率进行了计算分析。

1.侧槽流态

试验看到,校核洪水位工况和设计洪水位工况两工况的堰前流态类似,来流平稳顺畅,流态比较理想;同时,试验看到,校核洪水位工况和设计洪水位工况两工况侧槽的流态均为较典型的侧堰流态,即流量沿程递增的螺旋流流态;两工况侧槽流态不同之处在于校核洪水位工况时,由于泄流量较大,侧槽水深相应较大,溢流堰为淹没出流;而设计洪水位工况时,侧槽流态则完全处于自由堰流流态。校核洪水位工况和设计洪水工况进口与侧槽流态如图 14-6 和图 14-7 所示。

图 14-6 校核洪水位工况侧堰段流态

图 14-7 设计洪水位工况侧堰段流态

2.溢洪道收缩段流态

试验看到,校核洪水位工况和设计洪水位工况堰后水流经渐变段和调整段后,收缩段水流较为平稳,沿程水面先降后升,该段水深随断面体型变化而变化。

溢洪道收缩段校核洪水位工况和设计洪水位工况流态如图14-8和图14-9所示。

图14-8   校核洪水位工况溢洪道收缩段流态

图14-9   设计洪水位工况溢洪道收缩段流态

3.涡室与竖井流态

试验看到,校核洪水位工况和设计洪水位工况时,涡室水流均能"下得去,旋得起",涡室流态总体相对理想,但仍存在副流或次生流。由于来流条件限制,进入涡室水流的流速相对较小,加上旋流竖井段相对较短,旋转水流经2~3个周次即进入环状水跃,因而,竖井旋流的消能率可能偏小。

从竖井环状水跃的高度来看,校核洪水位工况和设计洪水位工况环状水跃的位置也较为理想。设计洪水位工况时,环状水跃位于泄洪洞明流洞压坡段进口上方附近,环状水跃高度随着泄量的增大而增大。

试验看到,校核洪水位工况和设计洪水位工况时,消力井的流态虽然十分紊乱,但似乎还是以旋流为主,在消力井段两工况不时可以看到发育较充分的"漏斗"状漩涡出现,以往工程经验表明这种流态容易导致消力井底板压强的脉动,对底板稳定不利,需要加以削减。

校核洪水位工况和设计洪水位工况涡室与竖井段流态如图 14-10~图 14-14 所示。

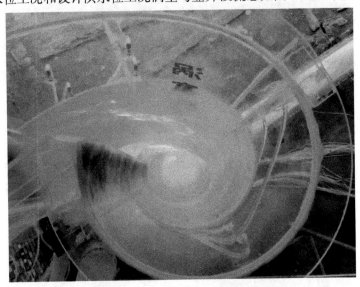

图 14-10　校核洪水位工况涡室流态

图 14-11　校核洪水位工况涡室与竖井流态

图 14-12 校核洪水位工况竖井下部与明流洞压坡出口流态

图 14-13 设计洪水位工况涡室、竖井与明流洞压坡出口流态

图 14-14 设计洪水位工况竖井下部与明流洞压坡出口流态

4.泄洪洞明流洞流态

试验看到,由于明流洞压坡段进口处竖井水流十分紊乱,因而压坡段出口附近的水流也比较紊乱,在洞内形成折冲和波动并沿程衰减,这种流态的剧烈程度与衰减快慢与上游水头的大小或泄量的大小有关,即泄量大,则水面波动大,衰减的距离长,泄量小,则水面波动小,衰减的距离短。校核洪水位工况和设计洪水位工况时,压坡段下游一定范围有不同程度的水翅形成,水翅高度间或超过隧洞直墙高度,这种流态随着泄量的增大而更趋剧烈,如校核洪水位工况时,压坡出口下游水翅高度甚至超过洞顶高度。

校核洪水位工况和设计洪水位工况明流洞流态如图 14-15、图 14-16 所示。

图 14-15　校核洪水位工况泄洪洞明流洞流态

图 14-16　设计洪水位工况泄洪洞明流洞流态

5.台阶段流态

在明流洞与消力池之间设置台阶段旨在利用台阶消能来提高竖井旋流的总体消能率,以减小消力池及下游河道的消能防冲压力。由于单宽流量相对较大,校核洪水位工况和设计洪水位工况时,台阶段没有自然地形成典型的"滑移流"流态,台阶消能未能充分体现出来,台阶段进口体型需进一步优化。

校核洪水位工况和设计洪水位工况台阶流态如图 14-17、图 14-18 所示。

图 14-17　校核洪水位工况台阶与消力池流态

图 14-18　设计洪水位工况台阶流态

6.消力池流态

试验看到,设计洪水位工况时,跃首位于池首附近,跃末位于尾坎上游附近,水跃基本为临界水跃,消力池长度基本满足底流消能要求,没有富裕;校核洪水位工况时,跃首位于水流收缩断面以下,跃末位于尾坎处,水跃为远驱水跃,池后调整段水面跌落明显;校核洪水位工况时,由于跃后涌浪较大,调整段边墙高度偏低,水流间歇性外溢。

校核洪水位工况和设计洪水位工况台阶流态如图 14-19、图 14-20 所示。

图 14-19　校核洪水位工况消力池与下游河道流态

图 14-20　设计洪水位工况消力池流态

7.泄洪洞水深与流速分布

校核洪水位工况和设计洪水位工况泄洪洞溢洪道段(含涡室)、泄洪洞明流洞段、台阶段、消力池段及调整段的沿程水深及垂线流速如图 14-21~图 14-28 所示。

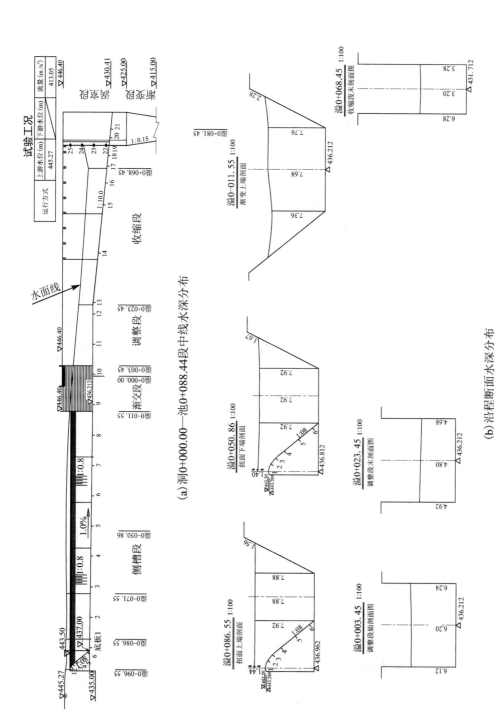

(a) 洞0+000.00—池0+088.44段中线水深分布

(b) 沿程断面水深分布

图14-21　原方案校核洪水位工况溢0-096.55—溢0+068.45段沿程水深分布(单位：m)

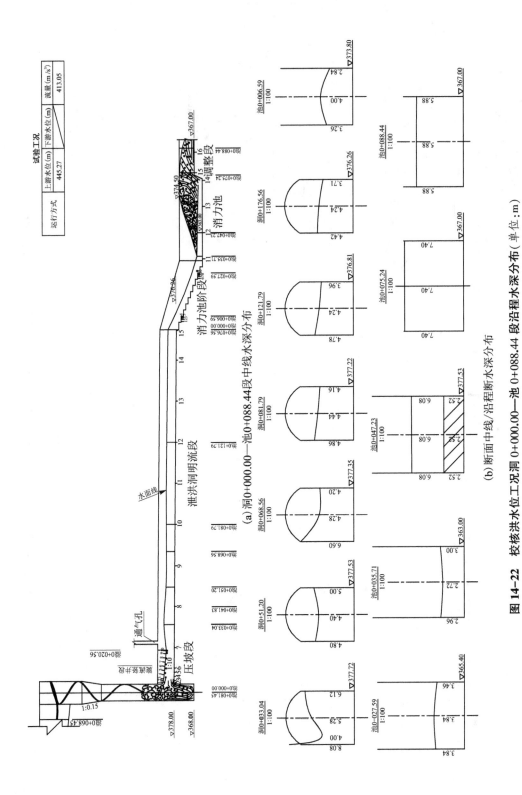

图 14-22　校核洪水水位工况洞 0+000.00—池 0+088.44 段沿程水深分布（单位：m）

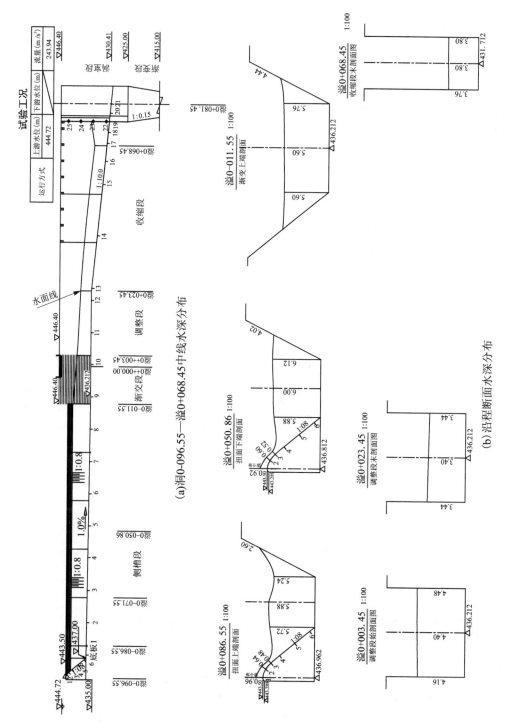

图 14-23　原方案设计洪水位工况溢 0-096.55—溢 0+068.45 段沿程水深分布（单位：m）

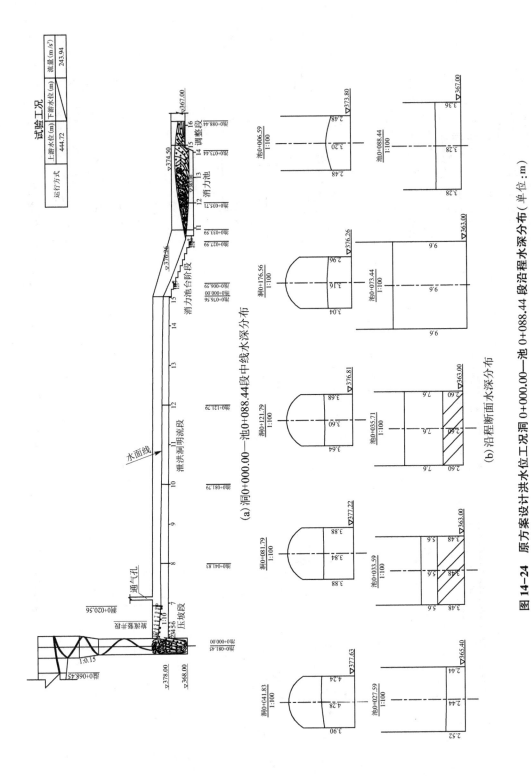

图 14-24 原方案设计洪水位工况洞 0+000.00—池 0+088.44 段沿程水深分布（单位：m）

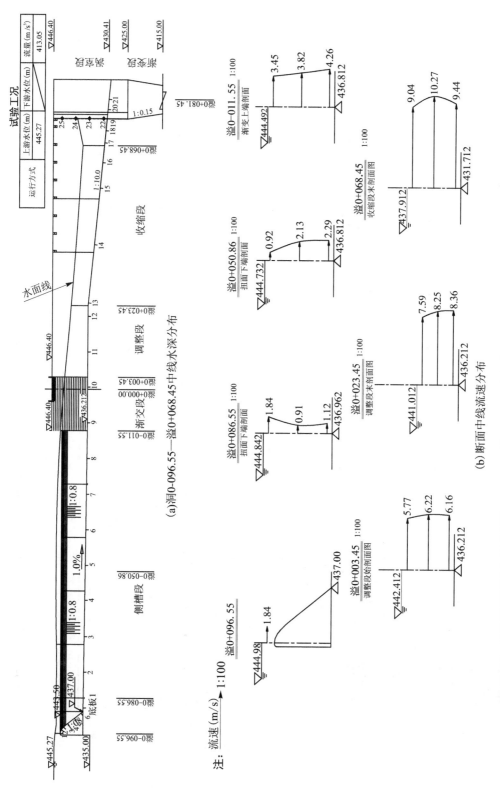

(a) 洞0-096.55—溢0+068.45中线水深分布

(b) 断面中线流速分布

图14-25 原方案校核洪水位工况溢0-096.55—溢0+068.45段沿程流速分布图（桩号、高程单位：m；流速单位：m/s）

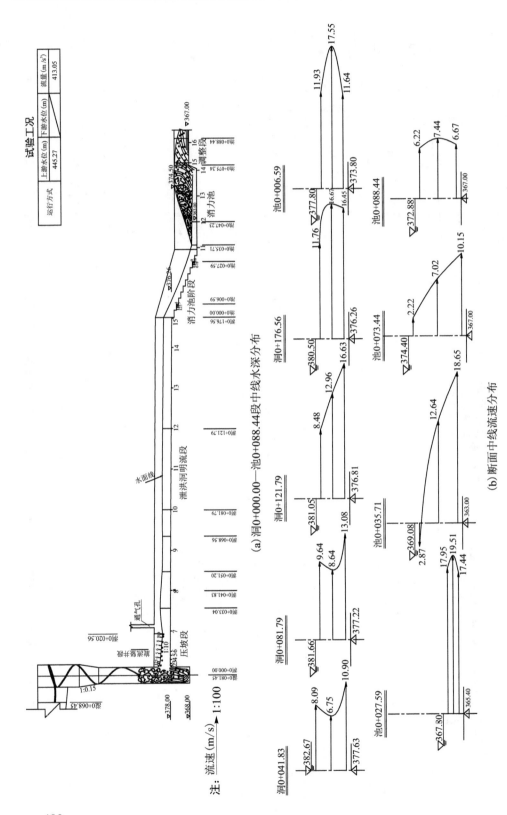

图 14-26　原方案校核洪水位工况洞 0+000.00—池 0+088.44 段沿程流速分布（桩号、高程单位：m；流速单位：m/s）

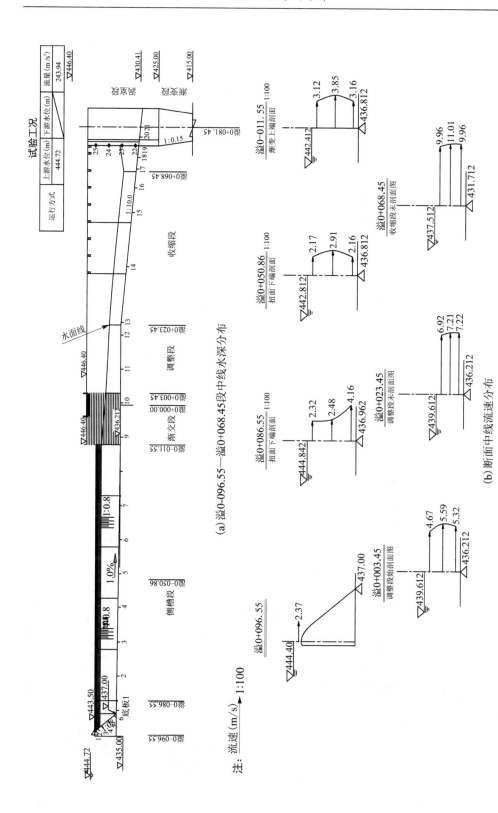

(a) 溢0-096.55—溢0+068.45段中线水深分布

(b) 断面中线流速分布

图14—27 原方案设计洪水位工况溢0-096.55—溢0+068.45段沿程流速分布（桩号、高程单位：m；流速单位：m/s）

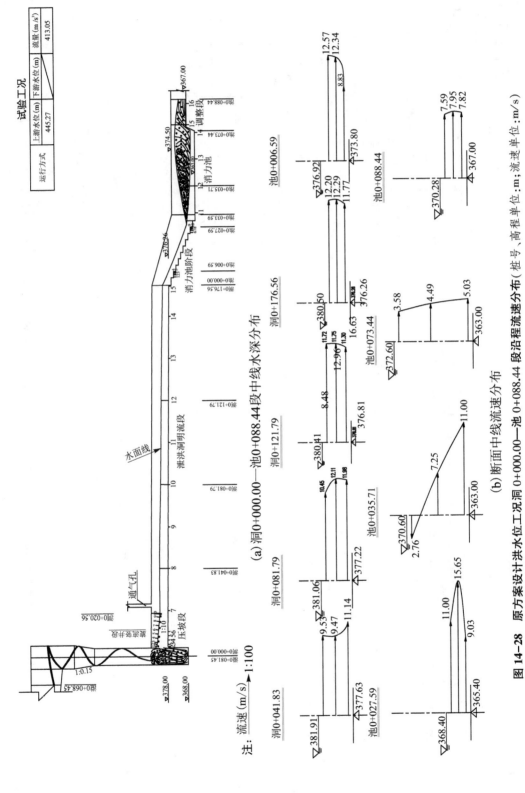

图 14-28　原方案设计洪水位工况洞 0+000.00—池 0+088.44 段沿程流速分布（桩号、高程单位：m；流速单位：m/s）

由图 14-23 和图 14-24 可见,设计洪水位工况时,泄洪洞溢洪道段、涡室段、泄洪洞明流洞段、台阶段、消力池段及调整段沿程水深均未超过相应部位断面直墙高度,断面边墙高度有一定的富裕;由图 14-21 和图 14-22 可见,校核洪水位工况时,泄洪洞溢洪道段、涡室段水深均未超过断面边墙高度,溢洪道收缩段与涡室段边墙高度也有一定的富裕;校核洪水位工况泄洪洞明流洞段压坡段末以下一定范围受水翅及水面波动影响,边墙处水面线或接近或超过洞身直墙高度,但断面平均水深低于洞身直墙高度,不存在水流闷洞或明满流过渡,因而泄洪洞明流洞断面体型满足设计要求;校核洪水位工况台阶段水面低于断面边墙高度且有较大的富裕,消力池后半段及调整段上游部受水跃涌浪影响,断面边墙高度偏低,水流外溢。

从两工况的消力池流态及水深来看,校核洪水位工况消力池为远驱水跃,由于消力池体型与水流条件不匹配,消力池水跃旋滚不完整、不充分,旋滚下部的主流受尾坎顶托后挑出,消力池后半段边墙高度不足,消力池体型不满足设计要求;设计洪水位工况时,消力池水跃为临界水跃,消力池水深低于边墙高度且有一定的富裕,消力池体型满足设计要求。

由图 14-25 和图 14-26 可见,校核洪水位工况泄洪洞溢洪道段中线底流速在 1.84~9.44 m/s,泄洪洞明流洞至消力池调整段,其中线底流速在 6.67~18.65 m/s,压坡末附近中线底流速为 10.9 m/s,明流洞末中线底流速为 16.45 m/s,最大中线底流速位于池首跃首处为 18.65 m/s,调整段末中线低流速为 6.67 m/s。

由图 14-27、图 14-28 可见,设计洪水位工况泄洪洞溢洪道段中线底流速在 2.16~9.96 m/s,泄洪洞明流洞至消力池调整段,其中线底流速在 7.82~11.77 m/s,压坡末附近中线底流速为 11.14 m/s,明流洞末中线底流速为 11.77 m/s,池首跃首处中线底流速 9.03 m/s,调整段末中线低流速为 7.82 m/s。

8.泄洪洞消能率计算

旋流竖井泄洪洞消能率是评价其体型合理性的一个重要指标。试验依校核洪水位工况和设计洪水位工况的水力学参数,用伯努力方程分别对溢洪道收缩段末(溢 0+068.45)断面与明流洞压坡末(洞 0+020.56)断面之间及溢洪道收缩段末(溢 0+068.45)断面与明流洞洞末(洞 0+176.56)断面之间的消能率进行了计算。结果表明,校核洪水位工况涡室段至压坡末之间的消能率为 72.6%,涡室段至明流洞末之间的消能率为 75.7%;设计洪水位工况涡室段至压坡末之间的消能率为 84.4%,涡室段至明流洞末之间的消能率为 83.2%。

可见,旋流泄洪洞校核洪水位工况和设计洪水位工况的消能率基本在合理范围之内。

9.明流洞洞顶余幅(净空)计算

洞顶余幅(净空)是衡量门洞型明流洞体型合理性的一个重要指标,试验对校核洪水位工况和设计洪水位工况进行了计算,结果见表 14-5、表 14-6。

表 14-5 校核洪水位工况明流洞洞顶余幅计算

断面桩号	断面水深（m）	直墙高度（m）	断面流速（m/s）	掺气水深（m）	过流面积（m²）	洞室面积（m²）	净空面积（m²）	洞顶余幅（%）
洞 0+033.04（水翅最高）	6.49	6.62	9.79	7.25	46.86	51.70	4.84	9.36
洞 0+051.20	4.73	6.62	13.43	5.49	35.70	51.70	16.00	30.94
洞 0+068.56	5.03	6.62	12.63	5.79	37.65	51.70	14.05	27.17
洞 0+081.79	4.49	6.62	14.15	5.25	34.14	51.70	17.56	33.96
洞 0+121.79	4.33	6.62	14.68	5.09	33.10	51.70	18.60	35.97
洞 0+176.56	4.12	6.62	15.42	4.88	31.74	51.70	19.96	38.61

表 14-6 设计洪水位工况明流洞洞顶余幅计算

断面桩号	断面水深（m）	直墙高度（m）	断面流速（m/s）	掺气水深（m）	过流面积（m²）	洞室面积（m²）	净空面积（m²）	洞顶余幅（%）
洞 0+041.83	4.14	6.62	9.07	4.59	29.84	51.70	21.86	42.29
洞 0+081.79	3.87	6.62	9.70	4.32	28.08	51.70	23.62	45.68
洞 0+121.79	3.64	6.62	10.31	4.09	26.59	51.70	25.11	48.57
洞 0+176.56	3.05	6.62	12.30	3.50	22.75	51.70	28.95	55.99

注：表 14-5 和表 14-6 中的掺气水深按公式：$h_b = (1 + \zeta v/100)h$，来计算，其中 h、h_b 分别为计算断面的水深和掺气后的水深，m；v 为不掺气情况下计算断面的流速，m/s；ζ 为修正系数，可取 1.0~1.4 s/m，流速大者取大值，本计算取 1.20 s/m。

一般来说，常规模型所测水深均为未掺气的水深，因此，评价明流隧洞体型是否合理时，必须以掺气水深为准。

从表 14-5 来看，除洞 0+033.04（水翅最高）断面，掺气水深超过洞身直墙高度，洞顶余幅小于 15%~25% 外，其余断面掺气水深均未超过直墙高度，洞顶余幅也都大于 25%，因此，从校核洪水位工况角度来看，明流洞体型基本满足设计要求。

从表 14-6 来看，设计洪水位工况明流洞掺气水深均低于直墙高度，洞顶余幅也都大于 25%，且有较大的富裕。

这样综合来看，原设计方案明流洞体型基本合理。

14.1.3.5 试验结论与建议

通过对泄洪洞泄流能力的率定和校核洪水位工况及设计洪水位工况各部位流态与水

力学参数的观测与分析,试验结论与建议如下:

(1)泄洪洞校核洪水位工况及设计洪水位工况模型实测泄量与设计值基本一致,泄流能力满足设计要求。

(2)试验表明,校核洪水位工况和设计洪水位工况的堰前流态类似,来流平稳顺畅,流态比较理想;同时,校核洪水位工况和设计洪水位工况侧槽的流态均为较典型的侧堰流态;校核洪水位工况和设计洪水位工况溢洪道收缩段水流基本平稳,涡室与竖井流态总体良好,涡室段局部有次生流产生,这种流态有待通过体型修改来解决,即通过将导流坎底高程抬高到收缩段末端底板高程,同时将涡室与竖井之间的渐变段抬高到收缩段末端。校核洪水位工况和设计洪水位工况明流洞压坡段下游一定范围有不同程度的水翅形成,但不影响明流洞的安全运用;台阶段未能形成典型的“滑移流”流态,建议通过强迫掺气来实现;校核洪水位工况消力池流态为远驱水跃,设计洪水位工况消力池流态为临界水跃,建议在消力池增设消力墩,以提高消力池的消能率。

(3)从校核洪水位工况旋流竖井泄洪洞各部位的水深分布来看,溢洪道调整段、收缩段及涡室边墙高度富裕度较大,建议设计上进一步优化;校核洪水位工况和设计洪水位工况时,虽然涡室主体流态比较理想,但因有次生流产生,因而涡室与渐变段衔接部位及导流坎体型需修改优化;泄洪洞明流洞进口压坡段顶板体型基本合理,校核洪水位工况和设计洪水位工况时压坡末以下一定范围虽有一定的水翅产生,但不影响明流洞的安全运行。从校核洪水位工况明流洞洞顶余幅分析来看,除洞 0+033.04(水翅最高)断面,掺气水深超过洞身直墙高度,洞顶余幅小于 15%~25% 外,其余断面掺气水深均未超过直墙高度,洞顶余幅也都大于 25%,因此,从校核洪水位工况角度来看,明流洞体型基本满足设计要求;台阶段、消力池段及调整段边墙高度在设计洪水位工况时基本满足设计要求,若从消能建筑物等级来考虑不增加边墙高度的情况下,建议消力池及调整段边墙增加防浪墙。

(4)从校核洪水位工况和设计洪水位工况泄洪洞溢洪道段和明流洞段沿程流速分布来看,溢洪道段和明流洞段基本为沿程加速流,校核洪水位工况时,溢洪道段中线底流速在 1.84~9.44 m/s,泄洪洞明流洞至消力池调整段,其中线底流速在 6.67~18.65 m/s,压坡末附近中线底流速为 10.9 m/s,明流洞末中线底流速为 16.45 m/s,最大中线底流速位于池首跃首处为 18.65 m/s,调整段末中线低流速为 6.67 m/s;设计洪水位工况溢洪道段中线底流速在 2.16~9.96 m/s 之间,泄洪洞明流洞至消力池调整段,其中线底流速在 7.82~11.77 m/s 之间,压坡末附近中线底流速为 11.14 m/s,明流洞末中线底流速为 11.77 m/s,调整段末中线底流速为 7.82 m/s;可见,两工况泄水建筑物部分水流底流速都不很大,但消力池调整段末水流底流速相对偏大,建议下游河道采用现行的设计防护措施。

总之,旋流竖井泄洪洞各部位体型设计基本合理,特征工况各部位流态较为理想,水力学参数基本在规程和规范要求之内,消能率也基本在以往工程经验范围之内。

14.1.4　数值模拟计算

14.1.4.1　泄流能力

本工程为竖井式泄洪洞,无闸门控制,泄流为自由出流。对泄流能力进行了数值模拟。表 14-7 给出了各工况下侧堰泄流量计算数据,图 14-29 绘制了上游水位—泄流量关系曲线。数值模拟结果表明,库水位为设计水位 444.72 m 时,数模计算的泄流量为 367.03 m^3/s,比设计值 244 m^3/s 大 123.03 m^3/s,大了 33.52%;库水位为校核水位 445.27 m 时,数模计算的泄流量 444.93 m^3/s,比设计值 416 m^3/s 大 6.50%。泄流能力满足设计流量要求。

表 14-7		侧堰设计泄量与数模计算泄量比较		
库水位(m)		设计泄量(m^3/s)	实测泄量(m^3/s)	差值 Δ(%)
校核洪水位水位	445.27	416.00	444.93	28.93(6.50%)
设计洪水位	444.72	244.00	367.03	123.03(33.52%)
50 年一遇	444.59	203.00	331.39	128.39(38.74%)

注:差值 Δ=计算泄量−设计泄量。

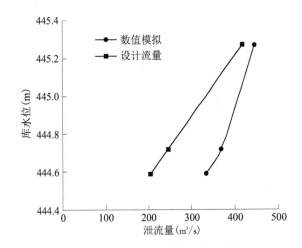

图 14-29 库水位—泄流量关系曲线

14.1.4.2 水流流态

对库水位 445.27、444.72、444.59 m 三种工况,顺水流方向,依次研究了侧槽段、渐变段、旋流竖井段、泄洪明流段、消力池斜坡段、消力池段的流态。

1.侧槽段及渐变段

对库水位 445.27、444.72、444.59 m 这 3 种工况,研究了侧槽段及渐变段内水流的流态。不同库水位下侧槽段及渐变段内水流流态如图 14-30~图 14-32 所示。库区水面平稳,来流经侧堰、正堰、右侧堰面同时跌落入侧槽中,在槽首处 3 个方向水流相互碰撞。过堰水流进入侧槽后,形成横向旋滚,旋滚强度也不断变化,水流紊动和碰撞都非常强烈。随着库水位的降低,侧槽内的水面逐渐降低、流速逐渐降低。库水位 445.27 m 时,侧槽及渐变段内的最大流速为 8.20 m/s;库水位 444.72 m 时,侧槽及渐变段内的最大流速为 7.40 m/s;库水位 445.59 m 时,侧槽及渐变段内的最大流速为 7.12 m/s。

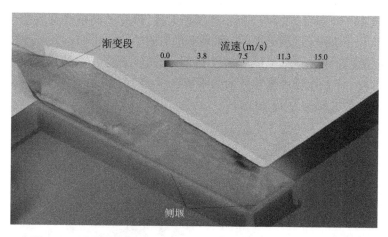

图 14-30　侧槽段及渐变段水流流态(数值模拟工况:库水位 445.27 m,下游水位369.92 m)

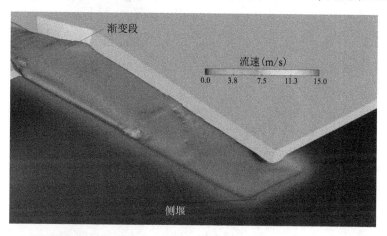

图 14-31　侧槽段及渐变段水流流态(数值模拟工况:库水位 444.72 m,下游水位369.23 m)

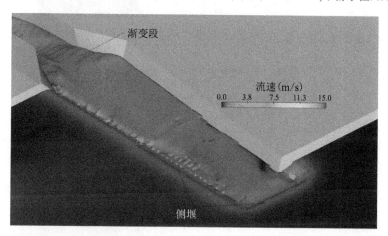

图 14-32　侧槽段及渐变段水流流态(数值模拟工况:库水位 444.59 m,下游水位369.04 m)

2.调整段及收缩段

对库水位 445.27、444.72、444.59 m 这 3 种工况,研究了调整段及收缩段内水流的流态。不同库水位下调整段及收缩段内水流流态如图 14-33~图 14-35 所示。收缩段内沿水流方向,流速逐渐增大。库水位 445.27 m 时,水流流进竖井前的最大流速为 15.03 m/s;库水位 444.72 m 时,水流流进竖井前的最大流速为 14.06 m/s;库水位 445.59 m 时,水流流进竖井前的最大流速为 13.03 m/s。

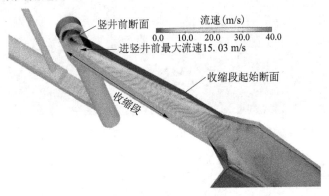

图 14-33　侧槽段及渐变段水流流态(数值模拟工况:库水位 445.27 m,下游水位369.92 m)

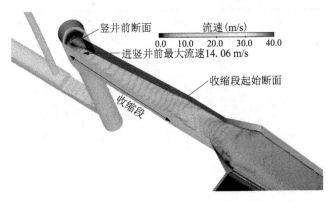

图 14-34　侧槽段及渐变段水流流态(数值模拟工况:库水位 444.72 m,下游水位369.23 m)

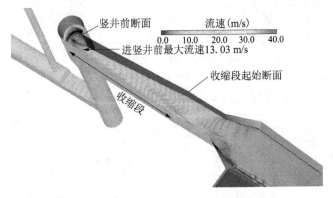

图 14-35　侧槽段及渐变段水流流态(数值模拟工况:库水位 444.59 m,下游水位369.04 m)

3.旋流竖井段

对库水位445.27、444.72、444.59 m这3种工况,研究了旋流竖井内的水流流态。由于竖井内的水流呈现出环状旋转流,故设置435.00、431.05、426.49(渐变段起点截面)、421.49(渐变段中间截面)、416.49(渐变段末端截面)、408.99(旋流竖井段1中间截面)、401.49(旋流竖井段1末端截面)、393.99(旋流竖井段2中间截面)、386.49 m(旋流竖井段2末端截面)共9个高程截面以及纵剖面来分析竖井内的流态。9个不同高程截面位置如图14-36所示。

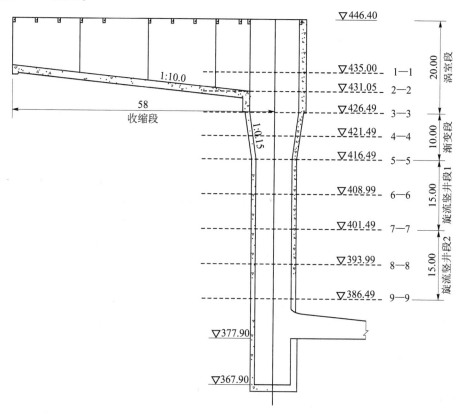

图14-36   竖井内流态不同高程截面布置图

图14-37~图14-39分别为不同库水位旋流竖井内不同高程截面的流速矢量图。图14-40~图14-42为不同库水位旋流竖井内沿明流段轴线剖面流速矢量图。可以看,出竖井内部水流形成了复杂的三维旋转运动,不同高程截面水流旋转方向均为顺时针。随着截面高程的逐渐降低,水流流速逐渐加大,水流主要集中于竖井的壁面,并沿壁面旋转。竖井内部形成了一定范围的空腔,随着截面高程的逐渐降低直至某一高程,空腔消失。库水位445.27 m,高程386.49 m截面最大流速为30.70 m/s,低于高程386.20 m截面,竖井内无空腔;库水位444.72 m,高程386.49 m截面最大流速为30.20 m/s,该高程截面仍存在小范围的空腔,当低于高程385.40 m截面时,竖井内无空腔;库水位444.59 m,高程386.49 m截面最大流速为29.88 m/s,该高程截面仍存在小范围的空腔,当低于高程385.80 m截面时,竖井内无空腔。

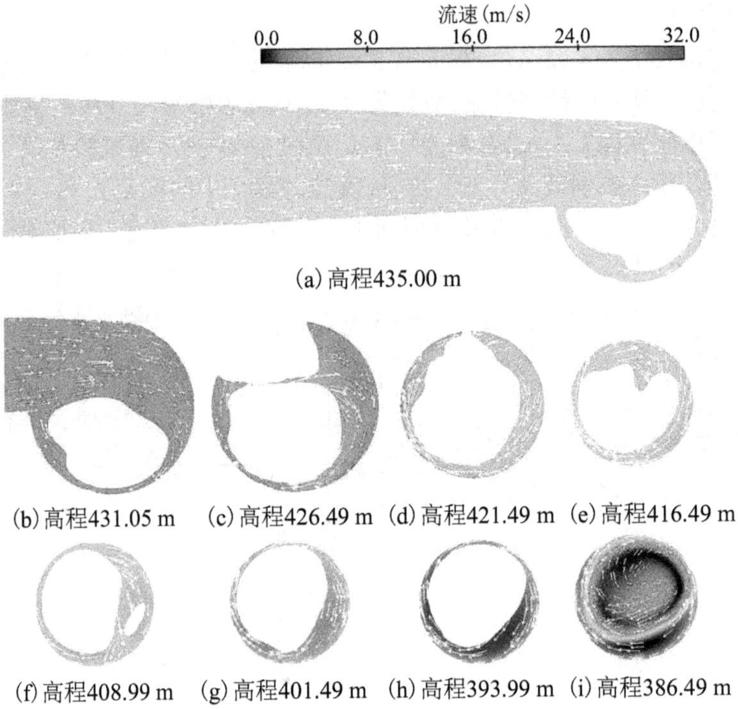

流速(m/s)
0.0　8.0　16.0　24.0　32.0

(a) 高程435.00 m

(b) 高程431.05 m　(c) 高程426.49 m　(d) 高程421.49 m　(e) 高程416.49 m

(f) 高程408.99 m　(g) 高程401.49 m　(h) 高程393.99 m　(i) 高程386.49 m

图 14-37　竖井内不同高程截面流速矢量图
(数值模拟工况:库水位 445.27 m,下游水位 369.92 m)

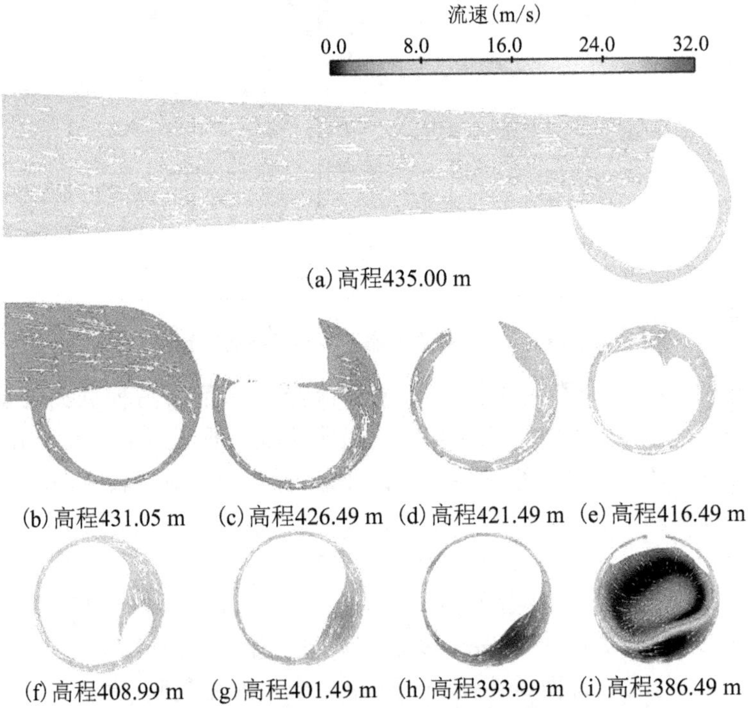

流速(m/s)
0.0　8.0　16.0　24.0　32.0

(a) 高程435.00 m

(b) 高程431.05 m　(c) 高程426.49 m　(d) 高程421.49 m　(e) 高程416.49 m

(f) 高程408.99 m　(g) 高程401.49 m　(h) 高程393.99 m　(i) 高程386.49 m

图 14-38　竖井内不同高程截面流速矢量图
(数值模拟工况:库水位 444.72 m,下游水位 369.23 m)

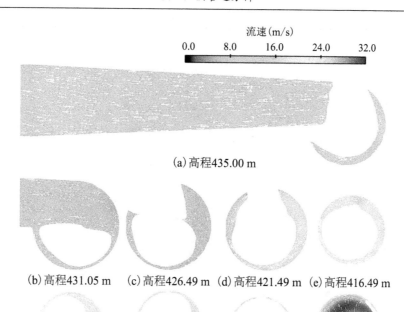

(a) 高程 435.00 m

(b) 高程 431.05 m　(c) 高程 426.49 m　(d) 高程 421.49 m　(e) 高程 416.49 m

(f) 高程 408.99 m　(g) 高程 401.49 m　(h) 高程 393.99 m　(i) 高程 386.49 m

图 14-39　竖井内不同高程截面流速矢量图

（数值模拟工况：库水位 444.59 m，下游水位 369.04 m）

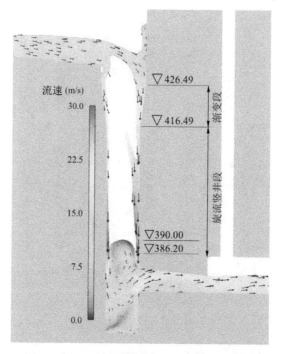

图 14-40　竖井内沿明流段轴线剖面流速矢量图

（数值模拟工况：库水位 445.27 m，下游水位 369.92 m）

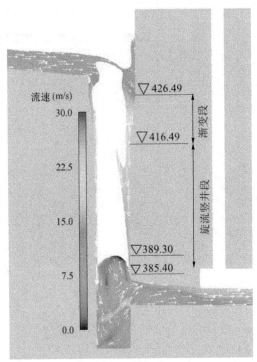

图 14-41　竖井内沿明流段轴线剖面流速矢量图
（数值模拟工况：库水位 444.72 m，下游水位 369.23 m）

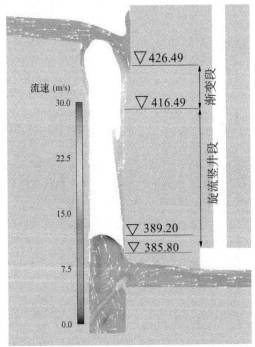

图 14-42　竖井内沿明流段轴线剖面流速矢量图
（数值模拟工况：库水位 444.59 m，下游水位 369.04 m）

4.泄洪洞明流段

对库水位 445.27、444.72、444.59 m 这 3 种工况,研究了泄洪明流段内的水流流态。图 14-43～图 14-45 为泄洪明流段流速云图。不同库水位下泄洪明流段内流速变化规律基本相同。如库水位 445.27 m,水流流速沿程变化不大,水流流态平稳,最大流速为 18.7 m/s;库水位 444.72 m,明流段内最大流速为 16.6 m/s。

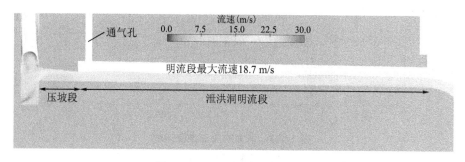

图 14-43　泄洪明流段流速云图

(数值模拟工况:库水位 445.27 m,下游水位 369.92 m)

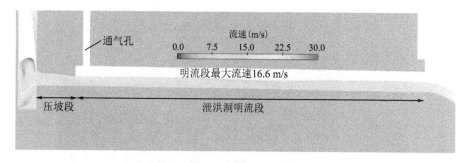

图 14-44　泄洪明流段流速云图

(数值模拟工况:库水位 444.72 m,下游水位 369.23 m)

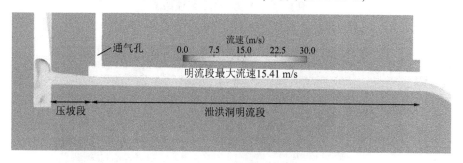

图 14-45　泄洪明流段流速云图

(数值模拟工况:库水位 444.59 m,下游水位 369.04 m)

5.消力池斜坡段及消力池段

对库水位 445.27、444.72、444.59 m 这 3 种工况,研究了消力池内的水流流态。图 14-46～图 14-48 为消力池内三维流态图。图 14-49～图 14-51 为消力池内纵剖面流速云图。从图中可以看出,消力池内形成了明显的水跃,水流在消力池内剧烈翻滚,水流紊动和碰撞较强烈,消能效果较好,沿水流方向水深逐渐增加。库水位 445.27 m,消力池内最大流速 23.2 m/s,位于消力池斜坡段;库水位 444.72 m,消力池内最大流速 20.8 m/s。

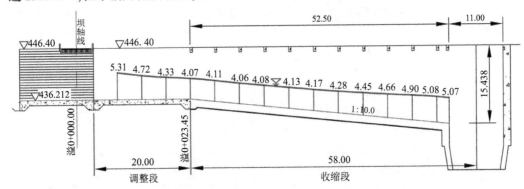

图 14-46 消力池内三维流态图
(数值模拟工况:库水位 445.27 m,下游水位 369.92 m)

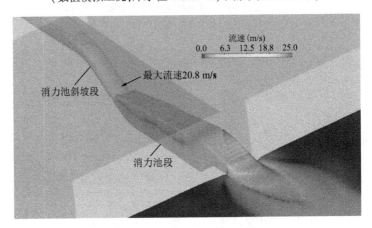

图 14-47 消力池内三维流态图
(数值模拟工况:库水位 444.72 m,下游水位 369.23 m)

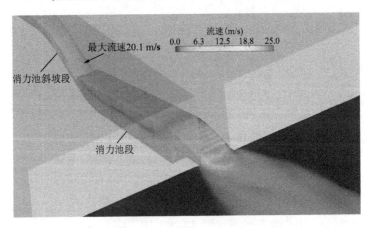

图 14-48 消力池内三维流态图
(数值模拟工况:库水位 444.59 m,下游水位 369.04 m)

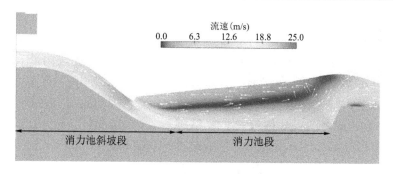

图 14-49　消力池内纵剖面流态图

（数值模拟工况：库水位 445.27 m，下游水位 369.92 m）

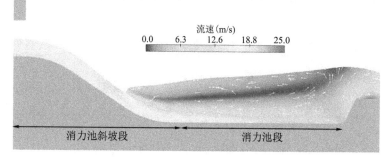

图 14-50　消力池内纵剖面流态图

（数值模拟工况：库水位 444.72 m，下游水位 369.23 m）

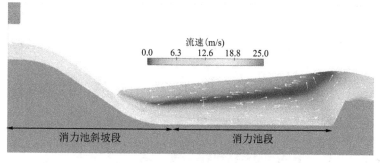

图 14-51　消力池内纵剖面流态图

（数值模拟工况：库水位 444.59 m，下游水位 369.04 m）

14.1.4.3　沿程水面线

对库水位分别为 445.27、444.72、444.59 m 这 3 种工况，研究了竖井泄洪洞的沿程水深。取收缩段、泄洪明流段、消力池段各断面中点为测点，相应的断面布置图如图 14-52～图 14-54 所示。各工况沿程各断面水深列于表 14-8～表 14-10，相应水面线如图 14-55～图 14-63 所示。

计算结果表明，不同库水位下，沿程水面线变化规律基本一致。在调整段及收缩段内沿程水深先减小后增大。随着库水位的降低，沿程水面线略有降低。如库水位为 445.27 m，最大水深为 6.03 m；库水位为 444.72 m，最大水深为 5.31 m；库水位为 444.59 m，最大水深

4.87 m。

不同库水位下,泄洪明流段内不同断面水深变化较小,水深均低于洞顶高程。随着库水位的降低,泄洪明流段内水深略有降低。库水位 445.27 m,明流段内最大水深 4.42 m;库水位 444.72 m,明流段内最大水深 4.26 m;库水位 444.59 m,明流段内最大水深 4.27 m。

不同库水位下,消力池内水深变化规律基本一致。消力池段顺水流方向,水深逐渐增加,库水位 445.27 m,消力池段内最大水深 13.99 m;库水位 444.72 m,消力池段内最大水深 13.42 m;库水位 444.59 m,消力池段内最大水深 13.11 m。

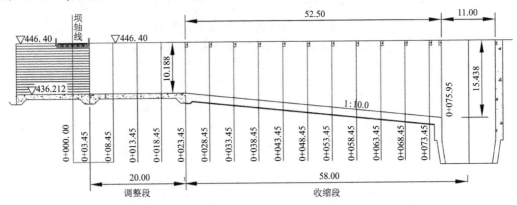

图 14-52 竖井泄洪洞收缩段水面线测量断面(单位:m)

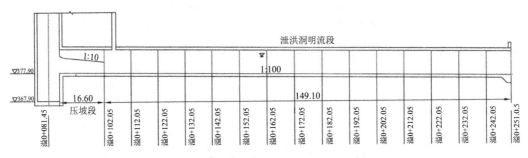

图 14-53 竖井泄洪洞泄洪明流段水面线测量断面(单位:m)

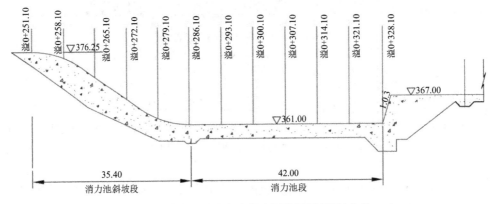

图 14-54 竖井泄洪洞消力池段水面线测量断面(单位:m)

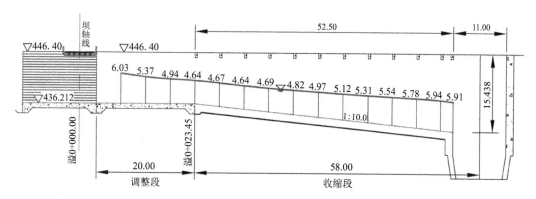

图 14-55 竖井泄洪洞收缩段水面线(单位：m)
(数值模拟工况:库水位 445.27 m,下游水位 369.92 m)

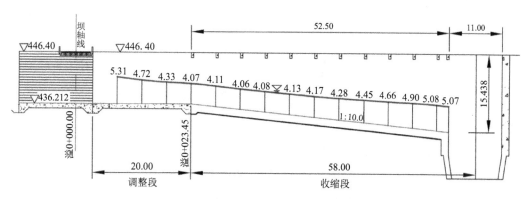

图 14-56 竖井泄洪洞收缩段水面线(单位：m)
(数值模拟工况:库水位 444.72 m,下游水位 369.23 m)

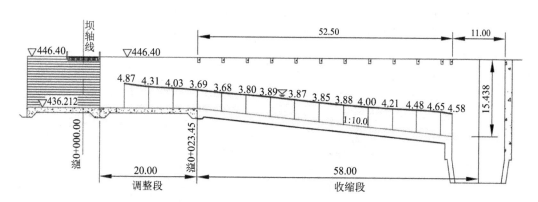

图 14-57 竖井泄洪洞收缩段水面线(单位：m)
(数值模拟工况:库水位 444.59 m,下游水位 369.04 m)

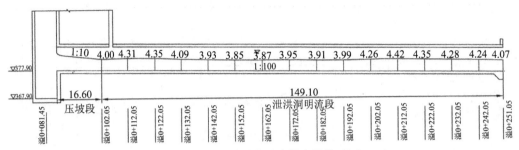

图 14-58　竖井泄洪洞泄洪明流段水面线(单位：m)
(数值模拟工况：库水位 445.27 m,下游水位 369.92 m)

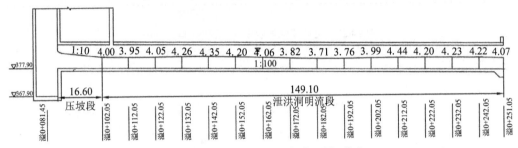

图 14-59　竖井泄洪洞泄洪明流段水面线(单位：m)
(数值模拟工况：库水位 444.72 m,下游水位 369.23 m)

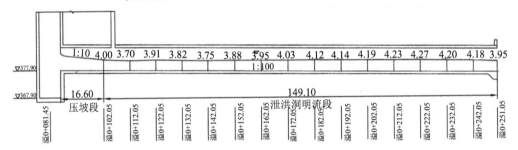

图 14-60　竖井泄洪洞泄洪明流段水面线(单位：m)
(数值模拟工况：库水位 444.59 m,下游水位 369.04 m)

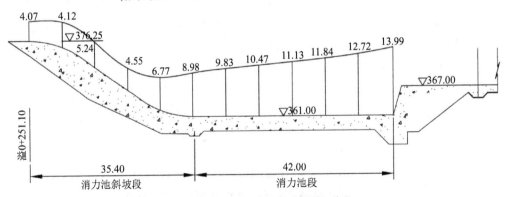

图 14-61　竖井泄洪洞消力池段水面线(单位：m)
(数值模拟工况：库水位 445.27 m,下游水位 369.92 m)

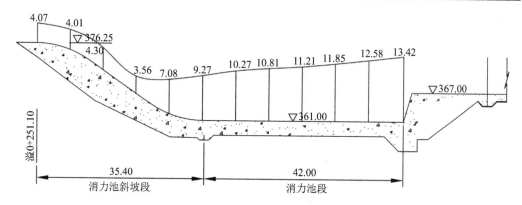

图14-62　竖井泄洪洞消力池段水面线(单位：m)

(数值模拟工况：库水位444.72 m，下游水位369.23 m)

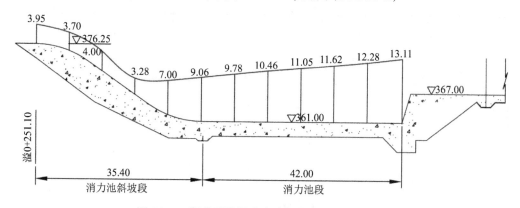

图14-63　竖井泄洪洞消力池段水面线(单位：m)

(数值模拟工况：库水位444.59 m，下游水位369.04 m)

表14-8　　　　竖井泄洪洞沿程水面线(库水位445.27 m，下游水位369.92 m)　　　单位：m

桩号	底板高程	水面线高程	水深
溢 0+008.45	436.21	442.24	6.03
溢 0+013.45	436.21	441.58	5.37
溢 0+018.45	436.21	441.15	4.94
溢 0+023.45	436.21	440.84	4.64
溢 0+028.45	435.71	440.38	4.67
溢 0+033.45	435.21	439.85	4.64
溢 0+038.45	434.71	439.40	4.69
溢 0+043.45	434.21	439.03	4.82
溢 0+048.45	433.71	438.68	4.97
溢 0+053.45	433.21	438.33	5.12
溢 0+058.45	432.71	438.02	5.31

续表 14-8

桩号	底板高程	水面线高程	水深
溢 0+063.45	432.21	437.76	5.54
溢 0+068.45	431.71	437.50	5.78
溢 0+073.45	431.21	437.15	5.94
溢 0+075.95	430.96	436.87	5.91
溢 0+102.05	377.74	381.74	4.00
溢 0+112.05	377.64	381.94	4.31
溢 0+122.05	377.54	381.89	4.35
溢 0+132.05	377.44	381.52	4.09
溢 0+142.05	377.34	381.27	3.93
溢 0+152.05	377.24	381.09	3.85
溢 0+162.05	377.14	381.02	3.87
溢 0+172.05	377.04	380.99	3.95
溢 0+182.05	376.94	380.86	3.91
溢 0+192.05	376.84	380.84	3.99
溢 0+202.05	376.74	381.00	4.26
溢 0+212.05	376.64	381.85	4.42
溢 0+222.05	376.54	380.90	4.35
溢 0+232.05	376.44	380.73	4.28
溢 0+242.05	376.34	380.59	4.24
溢 0+251.10	376.25	380.33	4.07
溢 0+258.10	375.42	379.14	4.12
溢 0+265.10	371.28	376.31	5.24
溢 0+272.10	366.51	371.01	4.55
溢 0+279.10	362.36	369.18	6.77
溢 0+286.10	361.00	370.00	8.98
溢 0+293.10	361.00	370.84	9.83
溢 0+300.10	361.00	371.48	10.47
溢 0+307.10	361.00	372.14	11.13
溢 0+314.10	361.00	372.85	11.84
溢 0+321.10	361.00	373.73	12.72
溢 0+328.10	361.00	375.00	13.99

表 14-9　　　　竖井泄洪洞沿程水面线（库水位 444.72 m，下游水位 369.23 m）　　　　单位:m

桩号	底板高程	水面线高程	水深
溢 0+008.45	436.21	441.52	5.31
溢 0+013.45	436.21	440.93	4.72
溢 0+018.45	436.21	440.54	4.33
溢 0+023.45	436.21	440.28	4.07
溢 0+028.45	435.71	439.83	4.11
溢 0+033.45	435.21	439.27	4.06
溢 0+038.45	434.71	438.79	4.08
溢 0+043.45	434.21	438.35	4.13
溢 0+048.45	433.71	437.89	4.17
溢 0+053.45	433.21	437.49	4.28
溢 0+058.45	432.71	437.16	4.45
溢 0+063.45	432.21	436.87	4.66
溢 0+068.45	431.71	436.61	4.90
溢 0+073.45	431.21	436.29	5.08
溢 0+075.95	430.96	436.03	5.07
溢 0+102.05	377.74	381.74	4.00
溢 0+112.05	377.64	381.58	3.95
溢 0+122.05	377.54	381.59	4.05
溢 0+132.05	377.44	381.70	4.26
溢 0+142.05	377.34	381.69	4.35
溢 0+152.05	377.24	381.44	4.20
溢 0+162.05	377.14	381.20	4.06
溢 0+172.05	377.04	380.86	3.82
溢 0+182.05	376.94	380.65	3.71
溢 0+192.05	376.84	380.61	3.76
溢 0+202.05	376.74	380.73	3.99
溢 0+212.05	376.64	380.79	4.14
溢 0+222.05	376.54	380.75	4.20
溢 0+232.05	376.44	380.69	4.23
溢 0+242.05	376.34	380.58	4.22

续表 14-9

桩号	底板高程	水面线高程	水深
溢 0+251.10	376.25	380.33	4.07
溢 0+258.10	375.42	379.03	4.01
溢 0+265.10	371.28	375.37	4.30
溢 0+272.10	366.51	370.01	3.56
溢 0+279.10	362.36	369.50	7.08
溢 0+286.10	361.00	370.29	9.27
溢 0+293.10	361.00	371.28	10.27
溢 0+300.10	361.00	371.82	10.81
溢 0+307.10	361.00	372.22	11.21
溢 0+314.10	361.00	372.86	11.85
溢 0+321.10	361.00	373.59	12.58
溢 0+328.10	361.00	374.43	13.42

表 14-10　　　竖井泄洪洞沿程水面线(库水位 444.59 m,下游水位 369.04 m)　　　单位:m

桩号	底板高程	水面线高程	水深
溢 0+008.45	436.21	441.08	4.87
溢 0+013.45	436.21	440.52	4.31
溢 0+018.45	436.21	440.24	4.03
溢 0+023.45	436.21	439.89	3.69
溢 0+028.45	435.71	439.39	3.68
溢 0+033.45	435.21	439.01	3.80
溢 0+038.45	434.71	438.61	3.89
溢 0+043.45	434.21	438.08	3.87
溢 0+048.45	433.71	437.56	3.85
溢 0+053.45	433.21	437.09	3.88
溢 0+058.45	432.71	436.71	4.00
溢 0+063.45	432.21	436.43	4.21
溢 0+068.45	431.71	436.20	4.48
溢 0+073.45	431.21	435.87	4.65
溢 0+075.95	430.96	435.55	4.58
溢 0+102.05	377.74	381.73	4.00

续表 14-10

桩号	底板高程	水面线高程	水深
溢 0+112.05	377.64	381.34	3.70
溢 0+122.05	377.54	381.45	3.91
溢 0+132.05	377.44	381.24	3.80
溢 0+142.05	377.34	381.09	3.75
溢 0+152.05	377.24	381.12	3.88
溢 0+162.05	377.14	381.09	3.95
溢 0+172.05	377.04	381.07	4.03
溢 0+182.05	376.94	381.06	4.12
溢 0+192.05	376.84	380.99	4.14
溢 0+202.05	376.74	380.94	4.19
溢 0+212.05	376.64	380.87	4.23
溢 0+222.05	376.54	380.82	4.27
溢 0+232.05	376.44	380.65	4.20
溢 0+242.05	376.34	380.53	4.18
溢 0+251.10	376.25	380.21	3.95
溢 0+258.10	375.42	378.72	3.70
溢 0+265.10	371.28	375.07	4.00
溢 0+272.10	366.51	369.73	3.28
溢 0+279.10	362.36	369.42	7.00
溢 0+286.10	361.00	370.08	9.06
溢 0+293.10	361.00	370.80	9.78
溢 0+300.10	361.00	371.47	10.46
溢 0+307.10	361.00	372.07	11.05
溢 0+314.10	361.00	372.63	11.62
溢 0+321.10	361.00	373.29	12.28
溢 0+328.10	361.00	374.13	13.11

14.1.4.4　消力池消能效果

本竖井泄洪洞工程在泄洪明流段后设置了消力池。消力池总长 42 m,池深 6.0 m,池底高程 361 m。泄洪明流段与消力池之间通过消力池斜坡段连接。为确定消能工消能效果,本报告分别对校核、设计、50 年一遇洪水工况下的消能效果进行了研究。

如图 14-64 所示,以消力池斜坡段起点为 1—1 断面,消力池末端后 15 m 为 2—2 断面,通过消能效率 K 来衡量消力池消能效果,其定义为水流从进入消力池至出池后所损失的能量与进池总能量的比值,计算公式为:

$$K=\frac{E_1-E_2}{E_1}\times100\% \tag{14-2}$$

式中 E_1 ——进池总能量;

  E_2 ——出池总能量;

  $E_j=z_j+h_j+\dfrac{\alpha_j v_j^2}{2g}=H_j+\dfrac{\alpha_j v_j^2}{2g}$,均以水头计,以消力池底板高程 361 m 为零点高程;

  z_j ——计算断面底板与消力池底板高差;

  h_j ——断面平均水深;

  v_j ——断面平均流速;

  α_j ——动能修正系数,取 α_0 和 α_2 为 1.0。

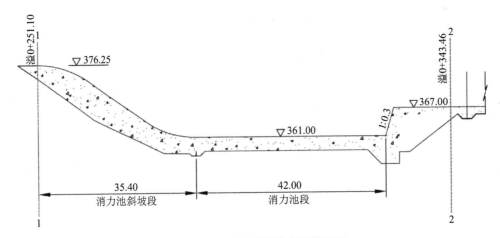

图 14-64 消力池消能率计算断面

表 14-11 为校核、100 年和设计洪水工况消力池的消能率 K 的计算结果。2 000 年一遇工况,消能率为 57.75%;100 年一遇工况,消能率为 54.43%;50 年一遇工况,消能率为 53.83%。不同工况下,消力池的消能率基本相同。

表 14-11   竖井泄洪洞消力池消能率

工况	1—1 断面			2—2 断面			消能率 $K(\%)$
	$H_1(\text{m})$	$\dfrac{\alpha_1 v_1^2}{2g}$ (m)	$E_1(\text{m})$	$H_2(\text{m})$	$\dfrac{\alpha_1 v_1^2}{2g}$ (m)	$E_2(\text{m})$	
校核	19.32	14.43	33.75	11.48	2.78	14.26	57.75
设计	19.32	9.82	29.14	10.61	2.67	13.28	54.43
50 年一遇	19.20	8.50	27.70	10.49	2.30	12.79	53.83

14.1.4.5 小结

针对竖井式泄洪洞方案,模拟了在不同水位下的泄流能力,不同水位下的泄流流态、水力特性等。通过全面研究,得出以下结论。

1.泄流能力

库水位为设计水位 444.72 m 时,泄流量 367.03 m³/s;库水位为校核水位 445.27 m 时,泄流量 444.93 m³/s;库水位为 444.59 m 时,泄流量 331.39 m³/s。

2.水力特性

1)沿程水流流态

不同库水位下,库区水面平稳,来流经侧堰、正堰、右侧堰面同时跌落入侧槽,在槽首处 3 个方向水流相互碰撞。过堰水流进入侧槽后,形成横向旋滚,旋滚强度也不断变化,水流紊动和碰撞都非常强烈。随着库水位的降低,侧槽内的水面逐渐降低、流速逐渐降低。库水位 445.27 m,侧槽及渐变段内的最大流速为 8.20 m/s;库水位 444.72 m,侧槽及渐变段内的最大流速为 7.40 m/s;库水位 445.59 m,侧槽及渐变段内的最大流速为 7.12 m/s。

不同库水位下,收缩段内沿水流方向,流速逐渐增大。库水位 445.27 m,水流流进竖井前的最大流速为 15.03 m/s;库水位 444.72 m,水流流进竖井前的最大流速为 14.06 m/s;库水位 445.59 m,水流流进竖井前的最大流速为 13.03 m/s。

不同库水位下,竖井内部水流形成了复杂的三维旋转运动,不同高程截面水流旋转方向均为顺时针。随着截面高程的逐渐,水流流速逐渐加大,水流主要集中于竖井的壁面,并沿壁面旋转。竖井内部形成了一定范围的空腔,随着截面高程的逐渐降低直至某一高程,空腔消失。库水位 445.27 m,高程 386.49 m 截面最大流速为 30.70 m/s,低于高程 386.20 m 截面,竖井内无空腔;库水位 444.72 m,高程 386.49 m 截面最大流速为 30.20 m/s,该高程截面仍存在小范围的空腔,当低于高程 385.40 m 截面时,竖井内无空腔;库水位 444.59 m,高程 386.49 m 截面最大流速为 29.88 m/s,该高程截面仍存在小范围的空腔,当低于高程 385.80 m 截面时,竖井内无空腔。

不同库水位下,泄洪明流段内流速变化规律基本相同。如库水位 445.27 m,水流流速沿程变化不大,水流流态平稳,最大流速为 18.7 m/s;库水位 444.72 m,明流段内最大流速为 16.6 m/s。

不同库水位下消力池内形成了明显的水跃,水流在消力池内剧烈翻滚,水流紊动和碰撞较强烈,消能效果较好,沿水流方向水深逐渐增加。库水位 445.27 m,消力池内最大流速 23.2 m/s,位于消力池斜坡段;库水位 444.72 m,消力池内最大流速 20.8 m/s。

2)沿程水面线

不同库水位下,沿程水面线变化规律基本一致。在调整段及收缩段内沿程水深先减小后增大。随着库水位的降低,沿程水面线略有降低。如库水位为 445.27 m,最大水深为 6.03 m;库水位 444.72 m,最大水深为 5.31;库水位 444.59 m,最大水深 4.87 m。

不同库水位下,泄洪明流段内不同断面水深变化较小,水深均低于洞顶高程。随着库水位的降低,泄洪明流段内水深略有降低。库水位 445.27 m,明流段内最大水深 4.42 m;库水位 444.72 m,明流段内最大水深 4.26 m;库水位 444.59 m,明流段内最大水深 4.27 m。

不同库水位下,消力池内水深变化规律基本一致。消力池段顺水流方向,水深逐渐增加,库水位 445.27 m,消力池段内最大水深 13.99 m;库水位 444.72 m,消力池段内最大水深 13.42 m;库水位 444.59 m,消力池段内最大水深 13.11 m。

3) 消力池消能效果

校核工况,消能率为 57.75%;设计工况,消能率为 54.43%;50 年一遇工况,消能率为 53.83%。不同工况下,消力池消能率基本相同。

14.1.5 水工模型试验成果与数值模拟计算成果对比分析

从泄流能力、水流流态、沿程水面线、水流流速等方面,对泄洪洞水工模型试验和数值模拟计算成果进行了对比分析。

14.1.5.1 泄流能力分析

泄洪洞在校核、设计和 50 年一遇洪水位工况下的模型试验实测泄量和数值模拟计算泄量见表 14-12,水位流量关系曲线如图 14-65 所示。

表 14-12　　　　　　　泄洪洞模型试验泄量与数值模拟泄量对比

库水位(m)		模型试验泄量 (m³/s)	数值模拟泄量 (m³/s)	数模与物模差值 (m³/s)	相差百分比 (%)
校核洪水位	445.27	413.05	444.93	31.88	7.72
设计洪水位	444.72	243.94	367.03	123.09	50.46
50 年一遇洪水位	444.59	197.39	331.39	134.00	67.89

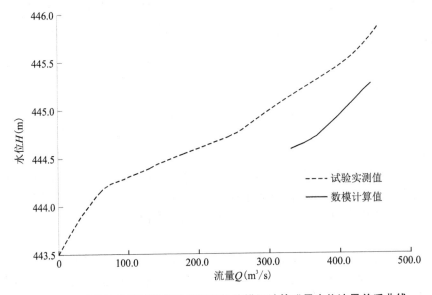

图 14-65　泄洪洞模型试验泄量实测与数值模拟计算泄量水位流量关系曲线

由表 14-12 和图 14-65 可知,各工况下泄洪洞数值模拟计算泄量均大于模型试验实测泄量,校核洪水位工况二者较接近。相关工程经验表明,侧堰式溢洪道数值模拟计算泄量值与模型试验实测泄量值相差不大。本工程设计洪水位工况和 50 年一遇洪水位工况数值模拟计算与模型试验实测泄量差值较大的原因,初步考虑可能为数值模拟计算现有边界设置对该工程侧堰局部体型适用性不足所导致的,有待进一步研究,亦可在水库日后运行过程中加强观测,以实践来论证。

14.1.5.2　水流流态分析

泄洪洞在校核、设计洪水位工况下的模型试验观测和数值模拟计算的水流流态描述见表 14-13。

表 14-13　　　　　　　　各工况的模型试验与数值模拟水流流态对比

区段	模型试验流态分析	数值模拟流态分析
侧槽段、渐变段、调整段及收缩段	校核洪水位工况和设计洪水位工况两工况的堰前流态类似,来流平稳顺畅,流态比较理想;侧槽的流态均为较典型的侧堰流态,即流量沿程递增的螺旋流流态;两工况侧槽流态不同之处在于校核洪水位工况时,由于泄流量较大,侧槽水深相应较大,溢流堰为淹没出流;而设计洪水位工况时,侧槽流态则完全处于自由堰流流态; 堰后水流经渐变段和调整段后,收缩段水流较为平稳,沿程水面先降后升,该段水深随断面体型变化而变化	库区水面平稳,来流经侧堰、正堰、右侧堰面同时跌落入侧槽中,在槽首处三个方向水流相互碰撞。过堰水流进入侧槽后,形成横向旋滚,旋滚强度也不断变化,水流紊动和碰撞都非常强烈;随着库水位的降低,侧槽内的水面逐渐降低、流速逐渐降低; 收缩段内沿水流方向,流速逐渐增大
涡室与竖井段	校核洪水位工况和设计洪水位工况时,涡室水流均能"下得去,旋得起",涡室流态总体相对理想,但仍存在副流或次生流;旋转水流经 2~3 个周次即进入环状水跃。设计洪水位工况时,环状水跃位于泄洪洞明流洞压坡段进口上方附近,环状水跃高度随着泄量的增大而增大;在消力井段两工况可以看到发育较充分的"漏斗"状漩涡出现	竖井内的水流呈现出环状旋转流。随着截面高程的逐渐降低,水流流速逐渐加大,水流主要集中于竖井的壁面,并沿壁面旋转;竖井内部形成了一定范围的空腔,随着截面高程的逐渐降低直至某一高程,空腔消失
泄洪洞明流段	压坡段出口附近的水流比较紊乱;校核洪水位工况和设计洪水位工况时,压坡段下游一定范围有不同程度的水翅形成,水翅高度间或超过隧洞直墙高度,这种流态随着泄量的增大而更趋剧烈,如校核洪水位时,压坡出口下游水翅高度甚至超过洞顶高度	水流流速沿程变化不大,水流流态平稳
消力池台阶段及消力池段	校核洪水位工况和设计洪水位工况时,台阶段没有自然地形成典型的"滑移流"流态; 设计洪水位工况时,跃首位于池首附近,跃末位于尾坎上游附近,水跃基本为临界水跃,消力池长度基本满足底流消能要求,没有富裕;校核洪水位工况时,跃首位于水流收缩断面以下,跃末位于尾坎处,水跃为远驱水跃,池后调整段水面跌落明显;校核洪水位工况时,由于跃后涌浪较大,调整段边墙高度偏低,水流间歇性外溢	消力池内形成了明显的水跃,水流在消力池内剧烈翻滚,水流紊动和碰撞较强烈,消能效果较好,沿水流方向水深逐渐增加

由表 14-13 可知,侧槽段、渐变段、调整段及收缩段、消力池段数值模拟计算结果和模型试验观测到的流态基本一致。数值模拟计算与模型试验观测到的涡室与竖井段内环状旋转流流态、明流段内水流流态基本一致;由于水流紊乱剧烈,以及数模计算水气两相交界面模拟的局限性,模型试验较数值模拟计算能更好地观测到紊乱水流更为细致的水流流态,如涡室与竖井段发生的次生流、"漏斗"状漩涡以及压坡段下游一定范围发生水翅、消力池段水跃特征等流态。数值模拟计算能提取任何断面的水流信息,可全方位地掌握水流状态,这点是模型试验无法实现的。

14.1.5.3 沿程水面线分析

泄洪洞在校核、设计洪水位工况下的模型试验实测和数值模拟计算的沿程水面线高程如图 14-66~图 14-71 所示。

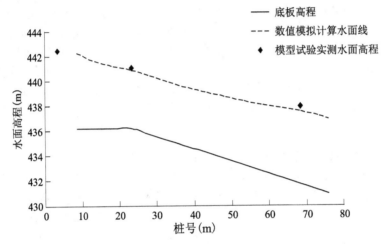

图 14-66 校核工况泄洪洞收缩段数值模拟计算水面线与模型试验实测水面高程对比

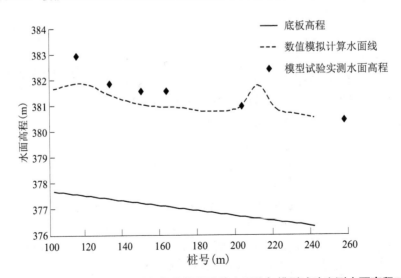

图 14-67 校核工况泄洪洞明流段数值模拟计算水面线与模型试验实测水面高程对比

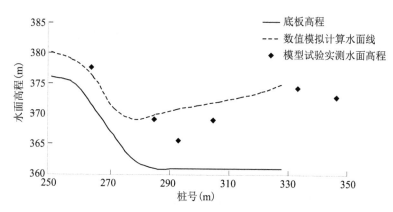

图 14-68 校核工况泄洪洞消力池段数值模拟计算水面线与模型试验实测水面高程对比

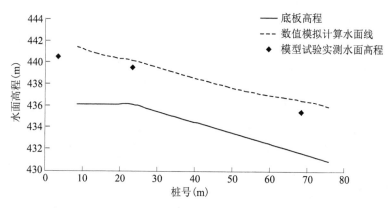

图 14-69 设计工况泄洪洞收缩段数值模拟计算水面线与模型试验实测水面高程对比

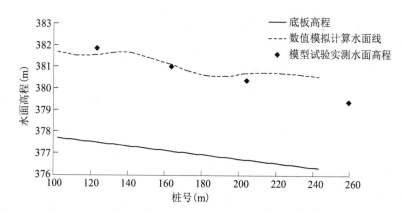

图 14-70 设计工况泄洪洞明流段数值模拟计算水面线与模型试验实测水面高程对比

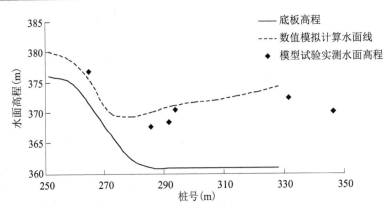

图 14-71　设计工况泄洪洞消力池段数值模拟计算水面线与模型试验实测水面高程对比

由图 14-66 和图 14-69 可知,校核工况和设计工况泄洪洞收缩段数值模拟计算水面线与模型试验实测水面高程基本吻合。不同库水位下,沿程水面线变化规律基本一致。在收缩段内沿程水深先减小后增大。随着库水位的降低,沿程水面线略有降低。

由图 14-67 和图 14-70 可知,校核工况和设计工况泄洪洞明流段数值模拟计算水面线与模型试验实测水面高程基本吻合。不同库水位下,水深均低于洞顶高程。随着库水位的降低,泄洪明流段内水深略有降低。明流段上游侧模型试验实测水面高程高于数值模拟计算水面线的原因为模型试验实测水面高程受压坡段后水翅的影响。

由图 14-68 和图 14-71 可知,校核工况和设计工况泄洪洞消力池段数值模拟计算水面线与模型试验实测水面高程基本吻合。跃首处模型试验实测水面高程低于数值模拟计算水面线的原因初步考虑为数模计算水气两相交界面模拟有所局限,有待进一步研究。

14.1.5.4　水流流速分析

泄洪洞在校核、设计洪水位工况下的模型试验实测和数值模拟计算的流速值如表 14-14 所示。

表 14-14　　　　　　　泄洪洞模型试验实测与数值模拟计算流速对比　　　　　　单位:m/s

区段	校核洪水位下流速			设计洪水位下流速		
	模型试验实测最大值	数值模拟计算最大值	差值	模型试验实测最大值	数值模拟计算最大值	差值
渐变段	6.22	8.20	1.98	5.59	7.40	1.81
收缩段	10.27	15.03	4.76	11.01	14.06	3.05
明流段	16.67	18.70	2.03	12.29	16.60	4.31
消力池段	19.51	23.20	3.69	15.65	20.80	5.15

由表 14-14 可知,校核工况和设计工况泄洪洞数值模拟计算流速较模型试验实测流速均偏大。渐变段和明流段流速最大值差值较小,收缩段和消力池段流速最大值差值较大。

14.2　某工程泄流底孔

14.2.1　泄流底孔布置

某工程水库正常蓄水位 630 m,总库容 4.36 亿 m³。该工程挡水建筑物为一座主坝和两座副坝,均采用碾压混凝土重力坝。主坝布置在主河床,自左向右依次布置有左岸非溢流坝段、生态流量电站取水口坝段、表孔溢流坝段、底孔泄流坝段、右岸非溢流坝段。

底孔泄流坝段长 34.00 m,共两个坝段,孔径为 6.00 m,进水口尺寸为 6.00 m×7.50 m (宽×高),出口尺寸为 5.00 m×5.10 m(宽×高),进水口底板底高程为 545.00 m,正常蓄水位时下泄流量为 1 690 m³/s。进口设有检修闸门,出口设有弧形工作门,主要用于放空水库和在电站不能正常使用时调控下游流量。孔身采用钢板衬砌,采用挑流消能,挑坎高程为 550.00 m,半径为 55.00 m。

泄流底孔平面布置图及剖面图如图 14-72 与图 14-73 所示。

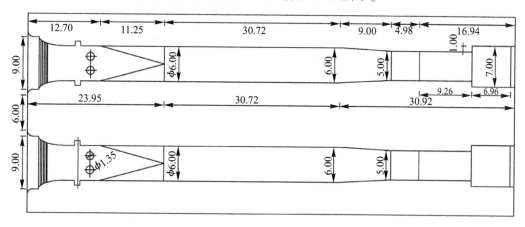

图 14-72　泄流底孔平面图(单位:m)

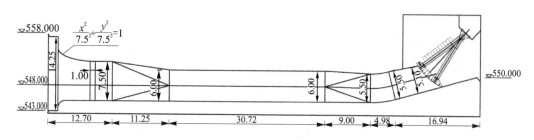

图 14-73　泄流底孔剖面图(单位:m)

14.2.2　研究内容与技术路线

14.2.2.1　试验目的及内容

验证泄流底孔体型的合理性,量测底孔沿程压力分布;复核泄水建筑物泄流能力、下游流态等相关水力参数。

(1)通过模型试验,观测各特征水位下的下泄流量,绘制泄流能力曲线等。

(2)测定泄流底孔沿程时均压力分布。

(3)观测不同运行工况时,底孔消能设施的挑距、流态情况。

14.2.2.2　研究内容与技术路线

通过建立物理模型试验和数学模型计算相结合的综合技术手段开展,对泄流量、流速,时均压力及水舌挑距进行了模拟研究。

14.2.2.3　水工模型介绍

根据模型试验要求,模型设计需要满足几何相似、水流运动相似和动力相似,因此,模型制作遵循佛劳德相似准则并结合实验室场地等条件进行。

几何比尺 $L_r = 60$;

流量比尺 $Q_r = L_r^{5/2} = 27\ 885.48$;

流速比尺 $v_r = L_r^{1/2} = 7.75$;

时间比尺 $T_r = L_r^{1/2} = 7.75$;

糙率比尺 $n_r = L_r^{1/6} = 1.981$。

模型模拟范围应保证试验工作段的流态相似,模型高度应综合考虑模型最高水位和超高、流量量测设施、冲刷深度等因素。本工程模型上游截取河道地形长 600 m,地形高程模拟到 640.00 m,考虑本工程库区横向较宽,坝前横向范围模拟宽度为 600 m,保证泄水建筑物进口流态不受边界影响,下游截取河道地形长 800 m,地形高程模拟到 600.00 m。上述模拟范围足以消除模型边界对库区水流的影响,保证模型的可靠性。模型建筑物主要有挡水坝、泄流底孔及下游消能防冲设施等永久建筑物。泄流底孔采用有机玻璃制作,库区及河道地形采用桩点法控制坐标及高程,用水泥砂浆抹面制作。

14.2.2.4　数学模型介绍

通过运用流体力学软件 FLOW-3D 建立三维数学模型,对不同工况进行数值模拟分析,与物理模型的试验成果进行对比论证,从而更加详细地为底孔设计提供数据支持与技术参考。

1.计算工况

本次数值模拟验证底孔在不同水位、不同闸门相对开度下的泄流能力;对不同水位下的底孔泄流流态、水力特性进行了研究。具体计算工况列于表 14-15。

表 14-15　　　　　　　　　底孔计算工况

工况		计算内容	
库水位(m)	闸门相对开度 e	泄流能力	水力特性
632	1.0(全开)	√	√
	0.8、0.6、0.4、0.2	√	
630	1.0(全开)	√	√
	0.8、0.6、0.4、0.2	√	

续表 14-15

工况		计算内容	
库水位(m)	闸门相对开度 e	泄流能力	水力特性
624	1.0(全开)	√	√
	0.8、0.6、0.4、0.2	√	
590	1.0(全开)	√	
	0.8、0.6、0.4、0.2	√	

2.计算区域

计算区域包括上游库区 200 m×200 m(长×宽)、底孔、下游河道 200 m×200 m(长×宽),如图 14-74 所示。

3.边界条件及网格划分

上游库区距坝轴线 200 m 断面为进流边界,下游河道距坝轴线 300 m 为出流边界,进/出流边界断面给定水位,其压强均按静水压强给出;固体边界采用无滑移条件;液面为自由表面。如图 14-75 所示。

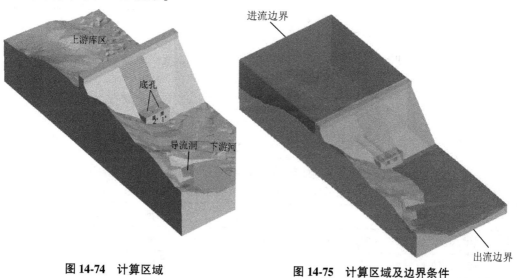

图 14-74　计算区域　　　　**图 14-75　计算区域及边界条件**

上游库区、底孔、下游河道均采用立方体网格,底孔网格 0.5 m,在弧形闸门附近加密,其网格 0.25 m,上游库区网格 2 m,下游河道网格 0.5 m,网格总数约 $7.0×10^6$ 个。

14.2.3　物理模型试验成果

14.2.3.1　底孔的泄流能力

底孔泄流能力计算公式如下:

$$Q = \mu A \sqrt{2gH_0} \tag{14-3}$$

式中　Q——流量,m^3/s;

　　　A——过流面积,m^2;

H_0——计入行进流速的闸前水头，m；

g——重力加速度，$g=9.81$ m/s²；

μ——综合流量系数。

1.敞泄运行

通过多组试验,得出底孔两孔敞泄运行时上游水位与流量的关系曲线,泄流能力试验数据见表 14-16,水位与流量关系曲线如图 14-76 所示。

表 14-16　　　　　　　　　底孔敞泄泄流能力试验数据表

流量 Q(m³/s)	939.20	1 240.90	1 510.08	1 731.61	1 868.71
水位 H(m)	572.522	587.684	604.910	621.548	632.618

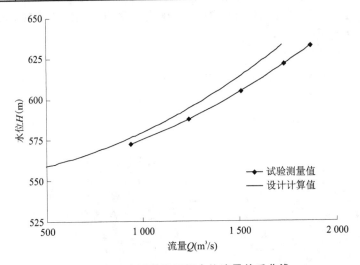

图 14-76　底孔敞泄运行水位流量关系曲线

底孔设计泄量与试验实测泄量比较见表 14-17。

表 14-17　　　　　　　　　底孔设计泄量与试验实测泄量比较

库水位(m)		设计泄量(m³/s)	实测泄量(m³/s)	差值 Δ(%)
校核洪水位水位	632	1 712	1 862	150(8.76%)
设计洪水位	630	1 690	1 839	149(8.82%)

注:差值 Δ=实测泄量-设计泄量;(%)=(差值 Δ/设计泄量)×100%。

由图 14-76 及表 14-17 可见,当上游水位为校核水位($H=632$ m)时,实测下泄流量为 1 862 m³/s,比设计计算值 1 712 m³/s 大 8.79%,按式(14-3)计算的闸孔流量系数为 0.908;当上游水位为设计水位($H=630$ m)时,实测下泄流量为 1 839 m³/s,比设计计算值 1 690 m³/s 大 8.83%,按式(14-3)计算的闸孔流量系数为 0.908。说明底孔的设计规模满足泄量要求,并有较大余量。

2.控泄运行

试验分别对底孔两孔闸门同时开启开度 e 为 =0.2、0.4、0.6、0.8 的上游水位和流量关系进行了观测。底孔控泄泄流能力试验数据见表 14-18,不同闸门开度控泄上游水位与流量关系曲线如图 14-77 所示。

表 14-18	底孔控泄泄流能力试验数据表					
开度 $e=0.2$	流量 $Q(\text{m}^3/\text{s})$	189.39	241.67	292.80	336.17	379.13
	水位 $H(\text{m})$	572.24	586.05	603.72	616.90	632.94
开度 $e=0.4$	流量 $Q(\text{m}^3/\text{s})$	346.63	441.52	532.15	603.41	655.31
	水位 $H(\text{m})$	572.90	586.81	604.53	620.73	632.53
开度 $e=0.6$	流量 $Q(\text{m}^3/\text{s})$	495.74	654.53	793.57	908.60	977.54
	水位 $H(\text{m})$	572.27	588.77	604.40	621.01	632.90
开度 $e=0.8$	流量 $Q(\text{m}^3/\text{s})$	675.06	875.29	1 070.11	1 226.96	1 318.75
	水位 $H(\text{m})$	572.62	587.01	604.72	621.69	632.78

　　闸门控泄时的泄流能力关系曲线可供管理部门在闸门运用时参考。上游水位分别为 624.0 m、设计水位 630.0 m 和校核水位 632.0 m 时,底孔闸门开度与流量的关系曲线如图 14-78 所示。

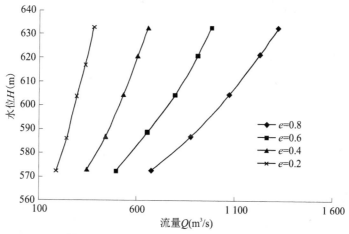

图 14-77　底孔控泄运行水位流量关系曲线

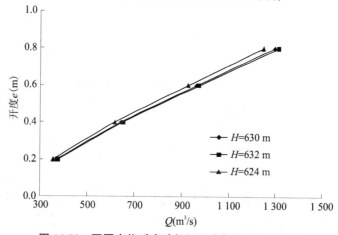

图 14-78　不同水位时底孔闸门开度与流量关系曲线

14.2.3.2 底孔的流态及水舌挑距

设计洪水位工况时底孔两孔敞泄,两孔水流出孔口后微有扩散,水流流经挑坎后形成挑射水流,挑射水流在空中与空气接触、掺混,沿垂向和横向逐渐扩散。底孔水舌最高点高程为556.51 m,位于挑坎坎后36 m(桩号 WS0+111.720),水舌落点位于挑坎坎后93 m(桩号 WS0+168.720),该处水舌宽度为36 m,水舌落点位于右岸边坡上。该工况底孔流态如图14-79所示。

图14-79 设计洪水位工况底孔流态图

14.2.3.3 底孔的时均压力分布

泄流底孔时均压力测点布置如图14-80所示,其中各断面测点 1-X 代表 1#底孔底部中线沿程时均压力测点;2-X 代表 1#底孔顶部中线沿程时均压力测点;3-X 代表 1#底孔左侧边壁中线沿程时均压力测点;4-X 代表 1#底孔右侧边壁中线沿程时均压力测点。

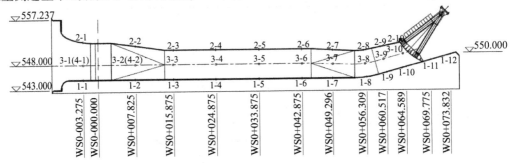

图14-80 泄流底孔时均压力测点布置图

试验对设计洪水工况下泄流底孔时均压力进行了测试,压力测试结果列于表14-19。

表14-19　　　　　　　　　　　泄流底孔时均压力测试值　　　　　　　　单位:kPa

桩号	不同测点位置的时均压力测试值			
	上	下	左	右
WS0−003.275	515.79	603.04	543.00	567.72
WS0+007.825	457.72	522.99	500.04	481.20
WS0+015.875	192.20	—	266.95	245.76

续表 14-19

桩号	不同测点位置的时均压力测试值			
	上	下	左	右
WS0+024.875	183.37	264.60	222.22	202.50
WS0+033.875	159.24	247.53	214.56	207.50
WS0+042.875	179.84	241.64	217.51	178.37
WS0+049.296	194.65	218.10	185.77	178.12
WS0+056.309	−47.15	284.17	149.71	192.68
WS0+060.517	55.47	124.10	136.01	109.22
WS0+064.589	—	116.34	48.49	—
WS0+069.775	—	52.09	—	—
WS0+073.832	—	34.36	—	—

由表 14-19 可见,设计洪水工况泄流底孔中线时均压强沿程(桩号 WS0−003.275— WS0+042.875)逐渐减小,断面顶部压强最小,两侧压强次之,底部压强最大。桩号 WS0+ 056.309 处底孔顶部出现负压,为−47.15 kPa。

14.2.4 数值模拟计算

14.2.4.1 底孔泄流能力

1.敞泄运行

针对底孔两孔敞泄运行工况,研究了底孔泄流量,得到了底孔库水位与流量关系曲线。泄量计算数据见表 14-20,水位与流量关系曲线如图 14-81 所示。

表 14-20 底孔敞泄泄量计算数据表

流量 $Q(\text{m}^3/\text{s})$	1 802.6	1 778.2	1 708.8	1 245.6	749.1	301.4
水位 $H(\text{m})$	632	630	624	590	565	555

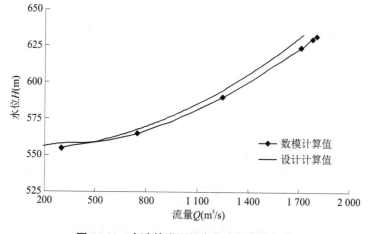

图 14-81 底孔敞泄运行水位流量关系曲线

底孔设计泄量与数模计算泄量比较见表 14-21。

表 14-21   底孔设计泄量与数模计算泄量比较

库水位(m)		设计泄量(m³/s)	计算泄量(m³/s)	差值 Δ(%)
校核洪水位	632	1 712	1 802.6	90.6(5.29%)
设计洪水位	630	1 690	1 778.2	88.2(5.22%)

注:差值 Δ=实测泄量-设计泄量;(%)=(差值 Δ/设计泄量)×100%。

由图 14-81 及表 14-21 可见,当上游水位为校核水位($H=632$ m)时,计算的下泄流量为 1 802.6 m³/s,比设计计算值 1 712 m³/s 大 5.29%,按公式(14-3)计算的闸孔流量系数为 0.886;当上游水位为设计水位($H=630$ m)时,计算的下泄流量为 1 778.2 m³/s,比设计计算值 1 690 m³/s 大 5.22%,按公式(14-3)计算的闸孔流量系数为 0.885。

2.控泄运行

针对闸门开度 e 分别为 0.8、0.6、0.4、0.2、0.1 这 5 种工况,研究了底孔泄流量,得到了底孔库水位与流量关系曲线。泄量计算数据见表 14-22,水位与流量关系曲线如图 14-82 所示。

表 14-22   底孔控泄泄量计算数据表   单位:m³/s

开度 e	库水位 H(m)					
	632	630	624	590	565	555
0.1	161.9	158.4	151.3	110.1	66.2	42.3
0.2	349.8	345.2	331.6	241.9	143.5	93.2
0.4	633.8	625.8	600.2	438.6	263.6	169.8
0.6	926.0	913.0	872.5	638.0	383.6	232.3
0.8	1 239.8	1 225.0	1 176.8	859.6	516.5	279.6

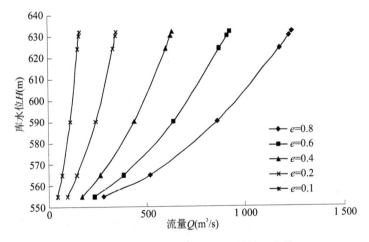

图 14-82   底孔控泄运行水位流量关系曲线

14.2.4.2　水力特性

对底孔两孔敞泄,库水位 632、630、624 m 这 3 种工况,研究了底孔的流速分布、流态、压强分布及挑射水流等。

1.底孔流速分布和流态

对底孔两孔敞泄,库水位 632、630、624 m 这 3 种工况,顺水流方向,依次研究了库区进口段、有压段及挑坎断面的流速分布和流态。

1)库区进口段

对底孔两孔敞泄,库水位 632、630、624 m 这 3 种工况,研究了库区进口段的流速分布和流态。不同库水位库区进口段流速分布和流态基本相同。1#底孔与2#底孔进口流速分布规律一致,因此,计算结果以 1# 为例给出。各工况底孔进口前不同距离的进口中线流速垂向分布如图 14-83 所示。

计算结果表明,在远离底孔进口的库区断面,流速较小且分布较均匀;越靠近底孔进口,流速逐渐增大。库水位 632 m,远离进口断面最大流速 2.33 m/s,靠近进口断面最大流速 5.34 m/s;库水位 630 m,远离进口断面最大流速 2.30 m/s,靠近进口断面最大流速 5.26 m/s。

底孔进口淹没水深 74.85~82.85 m,底孔进口附近水面平稳,没有波动;进口处流态良好,没有漩涡产生。各工况下底孔均为满流出流。各工况 1#、2# 底孔进口前不同距离的流速分布云图如图 14-84~图 14-86 所示。库水位 632 m 底孔进口表面流态如图 14-87 所示。

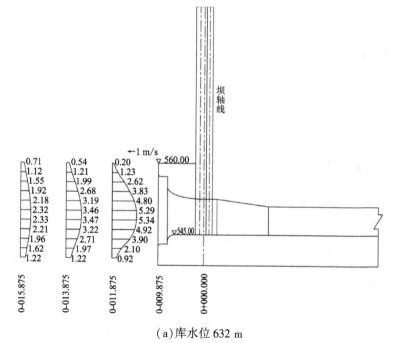

(a)库水位 632 m

图 14-83　底孔进口前流速垂向分布(单位:m/s)

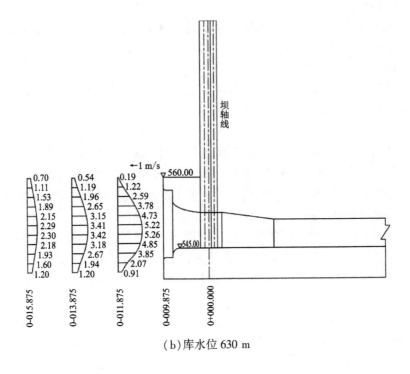

（b）库水位 630 m

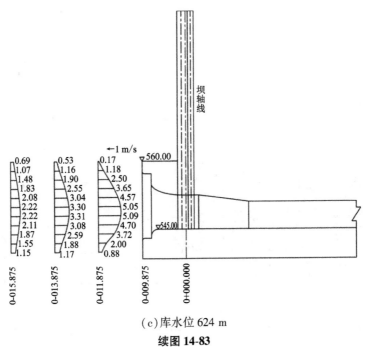

（c）库水位 624 m

续图 14-83

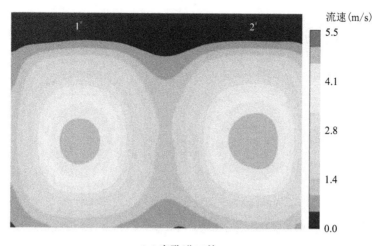

（a）底孔进口前 2 m

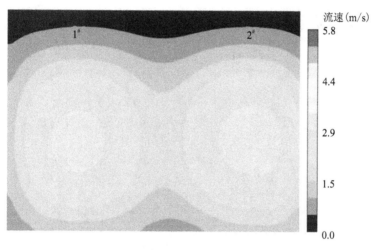

（b）底孔进口前 4 m

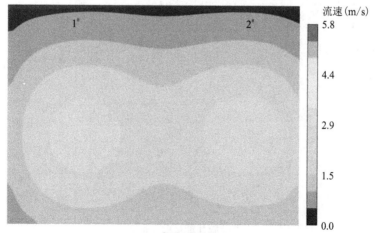

（c）底孔进口前 6 m

图 14-84　底孔进口前流速云图（库水位 632 m）

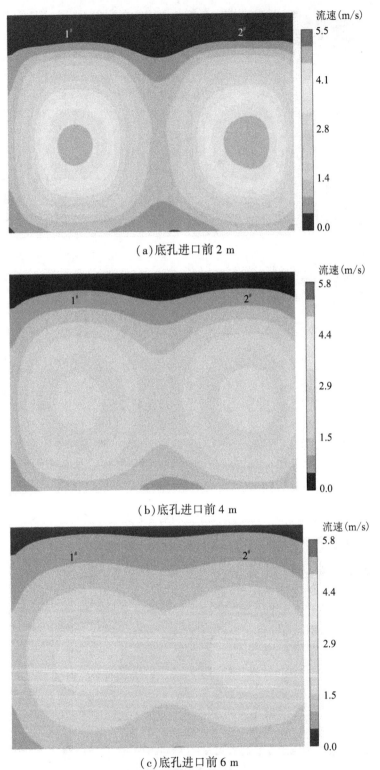

(a)底孔进口前 2 m

(b)底孔进口前 4 m

(c)底孔进口前 6 m

图 14-85 底孔进口前流速云图(库水位 630 m)

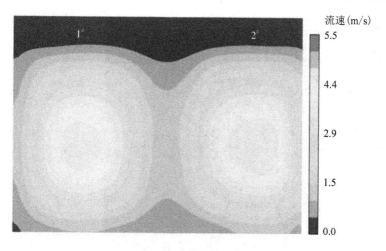

（a）底孔进口前 2 m

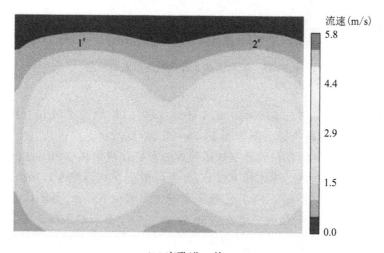

（b）底孔进口前 4 m

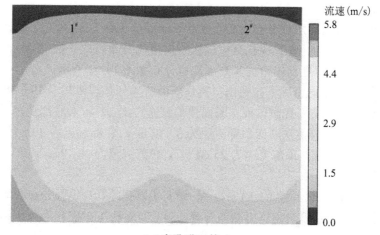

（c）底孔进口前 6 m

图 14-86　底孔进口前流速云图(库水位 624 m)

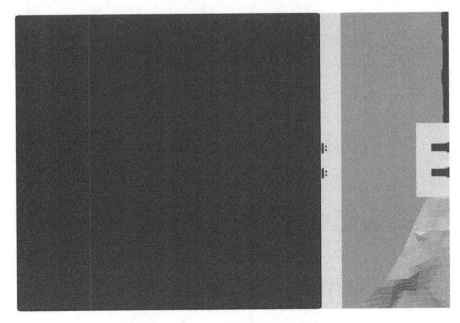

图 14-87　库水位 632 m 底孔进口表面流态

2）有压段

对底孔两孔敞泄，库水位 632、630、624 m 这 3 种工况，研究了底孔有压段的流速分布。各工况下底孔有压段流速云图如图 14-88~图 14-90 所示。

计算结果表明，不同库水位底孔有压段流速分布变化规律基本相同，由于过流断面不断收缩，流速沿程逐渐增大。库水位 632 m，有压段最小平均流速 9.11 m/s，位于喇叭口前端，最大平均流速 36.99 m/s，位于有压段末端。库水位 630 m，有压段最小平均流速 8.98 m/s，位于喇叭口前端，最大平均流速 36.58 m/s，位于有压段末端。库水位 624 m，有压段最小平均流速 8.66 m/s，位于喇叭口前端，最大平均流速 35.24 m/s，位于有压段末端。

3）挑坎断面

对底孔两孔敞泄，库水位分别为 632、630、624 m 这 3 种工况，研究了底孔出口挑坎断面流速分布。1#底孔与 2#底孔底孔出口挑坎断面流速分布规律一致，因此计算结果以 1#底孔为例给出。各工况底孔出口挑坎断面流速分布如图 14-91 所示。

计算结果表明，不同工况下底孔出口挑坎断面流速分布规律基本相同，断面流速分布较均匀。库水位 632 m，底孔出口挑坎断面顶部流速为 37.51 m/s，底部流速为 29.74 m/s。库水位 630 m，底孔出口挑坎断面顶部流速为 37.10 m/s，底部流速为 29.31 m/s。库水位 624 m，底孔出口挑坎断面顶部流速为 35.64 m/s，底部流速为 28.19 m/s。

2. 底孔压强分布

对底孔两孔敞泄，库水位为 630 m 工况，研究了底孔的孔身压强分布。数模计算压强分布选定典型断面与物模时均压力测点布置一致。1#底孔与 2#底孔沿程压强的计算结果见表 14-23 和表 14-24。

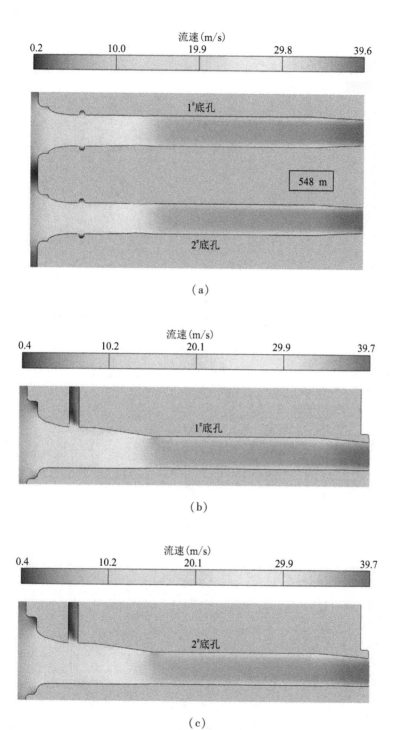

（a）

（b）

（c）

图 14-88 底孔有压段流速云图（库水位 632 m）

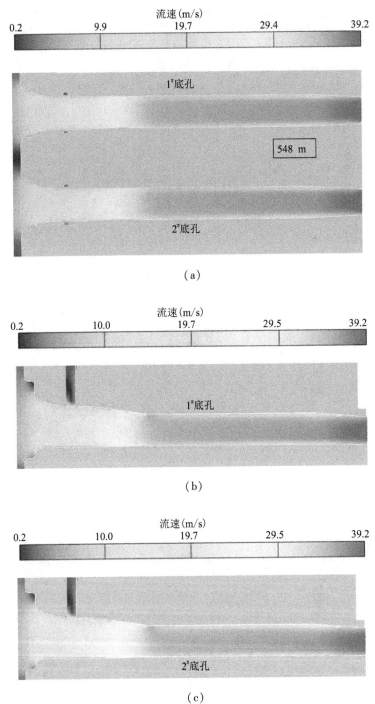

图 14-89　底孔有压段流速云图(库水位 630 m)

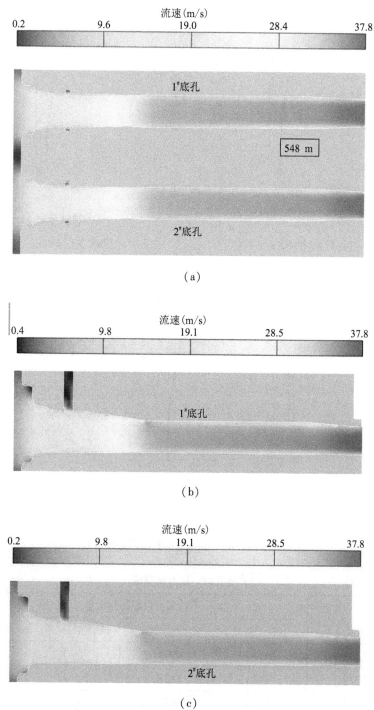

（a）

（b）

（c）

图 14-90 底孔有压段流速云图(库水位 624 m)

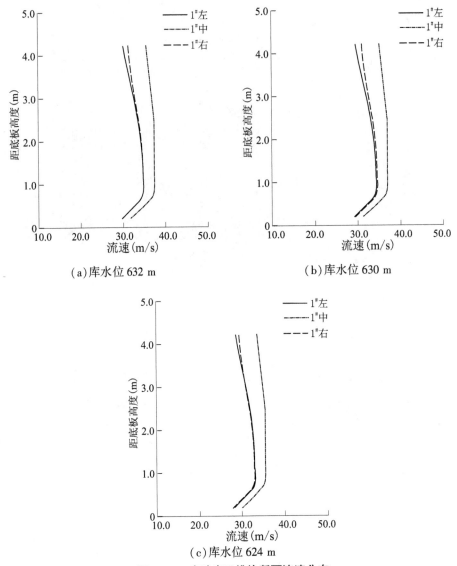

图 14-91 底孔出口挑坎断面流速分布

表 14-23	1# 底孔时均压力计算值			单位:kPa
桩号	不同测点位置的时均压力测试值			
	上	下	左	右
WS0−003.275	468.67	605.60	556.52	558.15
WS0+007.825	493.21	542.43	519.92	519.82
WS0+015.875	187.98	285.11	249.87	249.56
WS0+024.875	203.57	257.65	233.05	233.03
WS0+033.875	189.06	242.98	218.47	218.48

续表 14-23

桩号	不同测点位置的时均压力测试值			
	上	下	左	右
WS0+042.875	178.82	221.36	203.83	203.91
WS0+049.296	216.52	277.81	247.52	247.83
WS0+056.309	12.61	286.65	168.68	168.06
WS0+060.517	78.32	165.44	116.31	116.41
WS0+064.589	36.26	68.40	37.34	37.51
WS0+069.775	—	20.83	—	—
WS0+073.832	—	5.33	—	—

表 14-24　　　　　　　　　　　**2#底孔时均压力计算值**　　　　　　　　　单位:kPa

桩号	不同测点位置的时均压力测试值			
	上	下	左	右
WS0−003.275	468.10	606.15	558.51	557.50
WS0+007.825	493.12	542.35	519.82	519.82
WS0+015.875	187.71	284.66	249.37	249.50
WS0+024.875	203.21	257.26	232.65	232.66
WS0+033.875	188.69	242.57	218.08	218.11
WS0+042.875	178.46	220.87	203.53	203.54
WS0+049.296	216.49	278.20	247.77	247.63
WS0+056.309	13.02	287.48	168.53	168.79
WS0+060.517	78.44	165.79	116.42	116.50
WS0+064.589	36.30	68.51	37.40	37.41
WS0+069.775	—	20.99	—	—
WS0+073.832	—	6.04	—	—

由表 14-23 和表 14-24 可知,1#底孔与 2#底孔压强分布结果基本一致。各断面顶部压强最小,两侧压强次之,底部压强最大。自进口至有压段末端,压强沿程逐渐减小,其中桩号 WS0+015.875 断面顶部压强比其上下游断面的压强小,桩号 WS0+049.296 断面侧面压强比其上下游断面的压强大,桩号 WS0+049.296 比其上游断面压强大。

3.挑射水流

对底孔两孔敞泄,库水位分别为 632、630、624 m 这 3 种工况,研究了挑射水流流态、挑距和流速分布。

1)挑射水流流态、挑距

对底孔两孔敞泄,库水位分别为 632、630、624 m 这 3 种工况,研究了挑射水流流态和挑距。不同库水位挑射水流流态和挑距基本相同。底孔挑射水流流态如图 14-92 所示。各工况下底孔的挑射距离列于表 14-25。挑射距离为自挑坎末端算起至水舌与下游水面或下游地形交点间的水平距离。

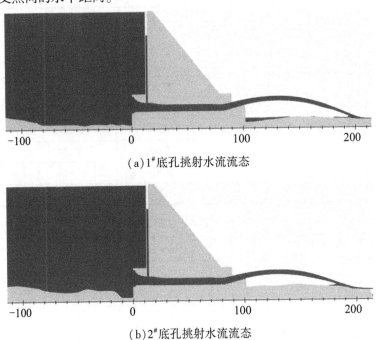

(a) 1#底孔挑射水流流态

(b) 2#底孔挑射水流流态

图 14-92　库水位 632 m 底孔挑射水流流态

表 14-25   **各工况底孔挑射距离**   单位:m

库水位	1#底孔		2#底孔	
	最大挑距	最小挑距	最大挑距	最小挑距
632	99.65	72.95	88.65	51.25
630	98.35	72.25	86.95	50.55
624	92.55	63.35	75.45	46.35

计算结果表明,水流经过挑坎后,被挑起形成挑射水流。挑射水流在空中与空气接触、掺混,沿横向和垂向逐渐扩散。由于下游水位较低,1#、2#底孔挑射水流直接冲刷右岸,且 2#底孔挑射水流落点处地形高于 1#底孔挑射水流落点处地形,2#底孔水舌挑距小于 1#底孔水舌挑距。随着库水位的增加,挑射距离不断增大。库水位 632 m,1#底孔最大挑距为 99.65 m,最小挑距为 72.95 m;2#底孔最大挑距为 88.65 m,最小挑距为 51.25 m。

2) 挑射水流流速分布

对底孔两孔敞泄,库水位分别为 632、630、624 m 这 3 种工况,研究了挑射水流的流速分布。各工况挑射水流流速云图如图 14-93 所示。

计算结果表明,不同库水位挑射水流流速分布变化规律基本相同,由于水流在垂向和横向逐渐扩散,流速沿程逐渐减小。库水位 632 m,挑射水流的断面平均流速为 33.83 ～ 34.37 m/s;水舌的最大流速为 39.7 m/s。库水位 630 m,挑射水流的断面平均流速为 33.52 ～ 34.02 m/s;水舌的最大流速为 39.4 m/s。

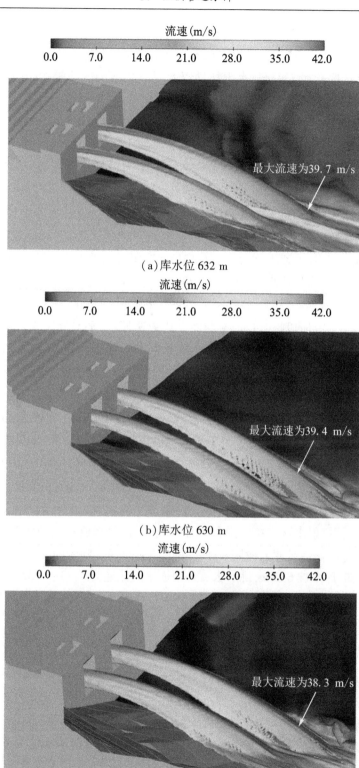

(a)库水位 632 m

(b)库水位 630 m

(c)库水位 624 m

图 14-93 底孔水舌流速云图

14.2.4.3 小结

针对某工程进水口原方案,模拟了底孔在不同水位、不同闸门相对开度下的泄流能力,不同水位下的底孔泄流流态、水力特性以及对下游河床的冲刷影响等。通过全面研究,得出以下结论:

(1)底孔泄流能力。底孔两孔敞泄,当上游水位为校核水位(H=632 m)时,计算下泄流量为 1 802.6 m³/s,比设计计算值 1 712 m³/s 大 5.29%,按公式(14-3)计算的闸孔流量系数为 0.886;当上游水位为设计水位(H=630 m)时,计算得下泄流量为 1 778.2 m³/s,比设计计算值 1 690 m³/s 大 5.22%,按公式(14-3)计算的闸孔流量系数为 0.885。

(2)底孔水力特性。①底孔流速分布与流态。底孔两孔敞泄,库水位 632、630、624 m,底孔流速分布和流态基本相同。在远离底孔进口的库区断面,流速较小且分布较均匀;越靠近底孔进口,流速逐渐增大。底孔进口上方附近水面平稳,进口处流态良好,没有漩涡产生。流入底孔有压段后,由于过流断面不断收缩,流速沿程逐渐增大。挑坎断面流速分布较为均匀。例如,库水位 632 m,远离进口断面最大流速 2.33 m/s,靠近进口断面最大流速 5.34 m/s;有压段喇叭口前端断面平均流速最小,平均流速 9.11 m/s,有压段末端断面平均流速最大,平均流速 36.99 m/s;挑坎断面顶部流速为 37.51 m/s,底部流速为 29.74 m/s。②底孔压强分布。底孔两孔敞泄,库水位 630 m 工况,底孔沿程各断面均未出现负压。各断面顶部压强最小,两侧压强次之,底部压强最大。自进口至有压段末端,压强沿程逐渐减小,其中桩号 WS0+015.875 断面顶部压强比其上下游断面的压强小,桩号 WS0+049.296 断面侧面压强比其上下游断面的压强大,桩号 WS0+049.296 比其上游断面压强大。③挑射水流流态、流速分布及挑距。底孔两孔敞泄,库水位 632、630、624 m,挑射水流流态、流速分布和挑距基本相同。水流流经挑坎后形成挑射水流,挑射水流在空中与空气接触、掺混,沿垂向和横向逐渐扩散,断面平均流速沿程逐渐减小。由于下游水位较低,1#、2# 底孔挑射水流直接冲刷右岸,且 2# 底孔挑射水流落点处地形高于 1# 底孔挑射水流落点处地形,2# 底孔水舌挑距小于 1# 底孔水舌挑距。随着库水位的增加,挑射距离不断增大。例如,库水位 632 m,挑射水流各断面平均流速为 33.83~34.37 m/s,水舌最大流速为 39.7 m/s。1# 底孔最大挑距 99.65 m,最小挑距 72.95 m;2# 底孔最大挑距 88.65 m,最小挑距 51.25 m。

14.2.5 水工模型试验成果与数值模拟计算成果对比分析

从泄流能力、水流流态、水舌挑距、时均压强等方面,对泄流底孔水工模型试验和数值模拟计算成果进行了对比分析。

14.2.5.1 泄流能力分析

泄流底孔敞泄运行和控泄运行(e=0.8、0.6、0.4、0.2)时在库水位为 632 m(校核水位)、630 m(设计水位)、624 m 和 590 m 下的模型试验实测泄量和数值模拟计算泄量如表 14-26 所示,水位流量关系曲线如图 14-94~图 14-98 所示。

表 14-26 　　　　　　　　泄洪底孔模型试验泄量与数值模拟泄量对比

运行方式	库水位（m）	模型试验泄量（m³/s）	数值模拟泄量（m³/s）	数模与物模差值（m³/s）	相差百分比（%）
敞泄	632	1 862.0	1 802.6	59.4	3.19
	630	1 839.0	1 778.2	60.8	3.31
	624	1 763.0	1 708.8	54.2	3.07
	590	1 280.0	1 245.6	34.4	2.69
e = 0.8	632	1 312.0	1 239.8	72.20	5.50
	630	1 296.0	1 225.0	71.00	5.48
	624	1 246.0	1 176.8	69.20	5.55
	590	908.0	859.6	48.40	5.33
e = 0.6	632	972.0	926.0	46.00	4.73
	630	961.0	913.0	48.00	4.99
	624	926.0	872.5	53.50	5.78
	590	665.0	638.0	27.00	4.06
e = 0.4	632	653.0	633.8	19.20	2.94
	630	644.0	625.8	18.20	2.83
	624	618.0	600.2	17.80	2.88
	590	458.0	438.6	19.40	4.24
e = 0.2	632	377.0	349.8	27.20	7.21
	630	371.0	345.2	25.80	6.95
	624	355.0	331.6	23.40	6.59
	590	253.0	241.9	11.10	4.39

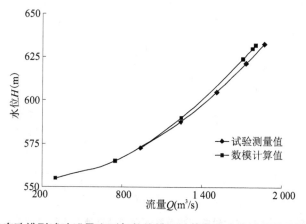

图 14-94 泄流底孔模型试验泄量实测与数值模拟计算泄量水位流量关系曲线(敞泄运行)

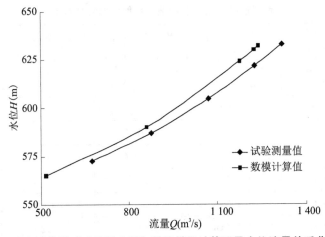

图 14-95 泄流底孔模型试验泄量实测与数值模拟计算泄量水位流量关系曲线($e=0.8$)

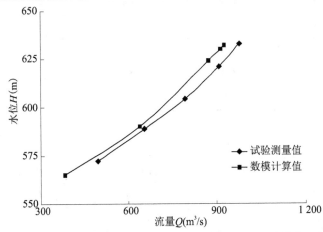

图 14-96 泄流底孔模型试验泄量实测与数值模拟计算泄量水位流量关系曲线($e=0.6$)

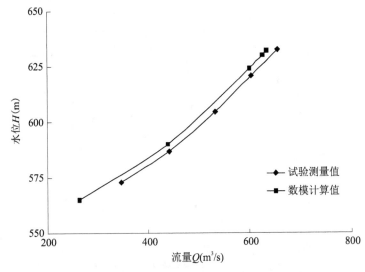

图 14-97 泄流底孔模型试验泄量实测与数值模拟计算泄量水位流量关系曲线($e=0.4$)

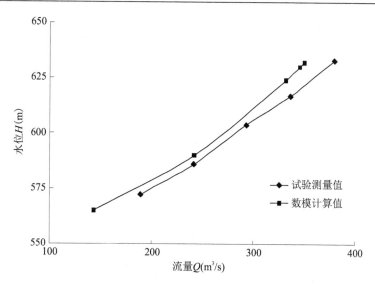

图 14-98 泄流底孔模型试验泄量实测与数值模拟计算泄量水位流量关系曲线($e=0.2$)

由表 14-26 和图 14-94~图 14-98 可知,各工况下泄流底孔数值模拟计算泄量均小于模型试验实测泄量。二者相差百分比最大为 7.12%,工况为控泄运行 $e=0.2$,上游水位为 632 m;二者相差百分比最小为 2.69%,工况为敞泄运行,上游水位为 590 m。

14.2.5.2 水流流态、水舌挑距分析

泄流底孔在设计洪水位(库水位为 630 m)工况下的模型试验观测和数值模拟计算的水流流态基本吻合。底孔两孔敞泄,试验和数值模拟计算均能观测到两孔水流出孔口后微有扩散,水流流经挑坎后形成挑射水流,挑射水流在空中与空气接触、掺混,沿垂向和横向逐渐扩散,水舌落点均位于右岸边坡上。

泄流底孔在设计洪水位(库水位为 630 m)工况下的模型试验观测到水舌落点位于挑坎坎后 93 m,数值模拟计算得到的水舌最大挑距为挑坎坎后 98.35 m,二者相差 5.35 m,相差百分比为 5.75%。由此可见,模型试验实测挑距和数值模拟计算挑距基本吻合。

14.2.5.3 时均压力分析

泄流底孔在设计洪水位(库水位为 630 m)工况下的模型试验观测和数值模拟计算的时均压力见表 14-27 和表 14-28、如图 14-99~图 14-102 所示。

表 14-27 泄流底孔模型试验实测和数值模拟计算时均压力测试值对比(上下测点)

桩号	不同测点位置的时均压力值							
	上				下			
	模型实测值(kPa)	数模计算值(kPa)	数模与物模差值(kPa)	相差百分比(%)	模型实测值(kPa)	数模计算值(kPa)	数模与物模差值(kPa)	相差百分比(%)
WS0-003.275	515.79	468.10	-47.69	-9.25	603.04	606.15	3.11	0.52
WS0+007.825	457.72	493.12	35.40	7.73	522.99	542.35	19.36	3.70
WS0+015.875	192.20	187.71	-4.49	-2.34	—	284.66	—	—

续表 14-27

桩号	不同测点位置的时均压力值							
	上				下			
	模型实测值（kPa）	数模计算值（kPa）	数模与物模差值（kPa）	相差百分比（%）	模型实测值（kPa）	数模计算值（kPa）	数模与物模差值（kPa）	相差百分比（%）
WS0+024.875	183.37	203.21	19.84	10.82	264.60	257.26	-7.34	-2.77
WS0+033.875	159.24	188.69	29.45	18.49	247.53	242.57	-4.96	-2.00
WS0+042.875	179.84	178.46	-1.38	-0.77	241.64	220.87	-20.77	-8.60
WS0+049.296	194.65	216.49	21.84	11.22	218.10	278.20	60.1	27.56
WS0+056.309	-47.15	13.02	60.17	-127.61	284.17	287.48	3.31	1.16
WS0+060.517	55.47	78.44	22.97	41.41	124.10	165.79	41.69	33.59
WS0+064.589	—	36.30	—	—	116.34	68.51	-47.83	-41.11
WS0+069.775	—	—	—	—	52.09	20.99	-31.1	-59.70
WS0+073.832	—	—	—	—	34.36	6.04	-28.32	-82.42

表 14-28　泄流底孔模型试验实测和数值模拟计算时均压力测试值对比（左右测点）　　　单位:kPa

桩号	不同测点位置的时均压力值							
	左				右			
	模型实测值（kPa）	数模计算值（kPa）	数模与物模差值（kPa）	相差百分比（%）	模型实测值（kPa）	数模计算值（kPa）	数模与物模差值（kPa）	相差百分比（%）
WS0-003.275	543.00	558.51	15.51	2.86	567.72	557.50	-10.22	-1.80
WS0+007.825	500.04	519.82	19.78	3.96	481.20	519.82	38.62	8.03
WS0+015.875	266.95	249.37	-17.58	-6.59	245.76	249.50	3.74	1.52
WS0+024.875	222.22	232.65	10.43	4.69	202.50	232.66	30.16	14.89
WS0+033.875	214.56	218.08	3.52	1.64	207.50	218.11	10.61	5.11
WS0+042.875	217.51	203.53	-13.98	-6.43	178.37	203.54	25.17	14.11
WS0+049.296	185.77	247.77	62	33.37	178.12	247.63	69.51	39.02
WS0+056.309	149.71	168.53	18.82	12.57	192.68	168.79	-23.89	-12.40
WS0+060.517	136.01	116.42	-19.59	-14.40	109.22	116.50	7.28	6.67
WS0+064.589	48.49	37.40	-11.09	-22.87	—	37.41	—	—

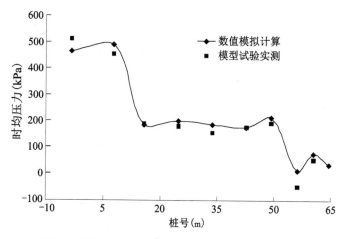

图 14-99　泄流底孔模型试验实测与数值模拟计算泄量时均压力对比（上）

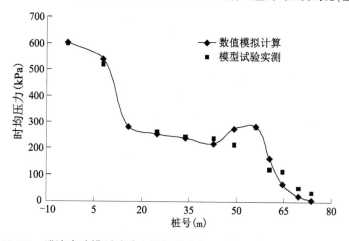

图 14-100　泄流底孔模型试验实测与数值模拟计算泄量时均压力对比（下）

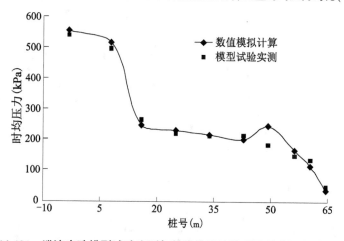

图 14-101　泄流底孔模型试验实测与数值模拟计算泄量时均压力对比（左）

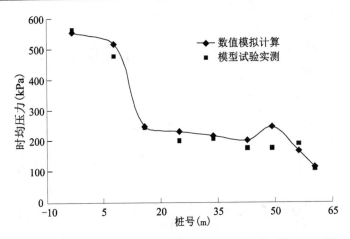

图 14-102 泄流底孔模型试验实测与数值模拟计算泄量时均压力对比(右)

由表 14-27、表 14-28、图 14-99~图 14-102 可知,泄流底孔在设计洪水位(库水位为
630 m)工况下的模型试验时实测和数值模拟计算的时均压力分布规律基本吻合,各断面
顶部压强最小,两侧压强次之,底部压强最大。除个别桩号外,模型试验实测和数值模拟
计算的时均压力差值较小,其中桩号 WS0-003.275 处模型试验实测和数值模拟计算的底
部时均压力相差百分比最小,仅为 0.52%。模型试验实测和数值模拟计算底孔顶部时均
压力最小值均位于桩号 WS0+056.309 处,其中模型试验实测该处出现负压,为-47.15
kPa;数值模拟计算该处时均压力为 13.02 kPa。

15 过鱼设施水力模拟分析

15.1 某工程鱼道局部模型试验研究

15.1.1 工程概况

某电站枢纽由拦河坝、泄洪洞、排沙洞、发电引水系统和电站、过鱼建筑物、生态放水建筑物组成。拦河坝为沥青心墙堆石坝,最大坝高 60 m。拦河坝、泄洪洞、排沙洞、发电引水洞进口的设计洪水重现期取 100 年,校核洪水重现期为 2 000 年;电站厂房设计洪水重现期为 100 年,校核洪水重现期为 500 年;消能防冲建筑物设计洪水重现期为 50 年。

水库总库容 0.07 亿 m³,为日调节水库,上游水位日变幅 14 m,过鱼设施设计应能够在库水位涨落情况下正常运行。原设计方案中过鱼建筑物拟采用鱼道型式,考虑到其存在线路长(总长 6 000 m)、地形较陡、开挖边坡较高、结构单薄等问题,不利于鱼道的安全运行。试验单位结合当地实际情况和建设条件、过鱼种类和习性等,在理论分析的基础上与设计部门进行了充分交流讨论,最终推荐采用"鱼道+鱼闸"的过鱼设施布置型式。根据坝址处地形和枢纽布置情况,将鱼道布置在河道左岸,进口段设于拦河坝下游左岸山坡上,自河床高程盘折上升,至一定高程采用隧洞型式穿过坝身,与库区的鱼闸布置相连接。

该工程的建设会对干流鱼类形成阻隔,造成生态环境的破碎化和鱼类栖息环境的变化。为了恢复鱼类洄游通道,沟通坝址上下游的鱼类遗传交流,将工程拦河阻隔对水生生态及鱼类不利影响降低到一定程度,必须研究修建过鱼设施,并结合库区水位变幅及其鱼道运行条件,复核、完善过鱼方案与相关设计参数,深入进行过鱼设施布置方案研究、相关设计技术参数分析论证,优化过鱼工程方案设计。过鱼设施承担着沟通鱼类洄游通道、保障流域水生态环境的重任,而鱼类对过鱼通道水流条件较为敏感,过鱼设施内的水力学特征也极其复杂,其水力设计的好坏直接影响到鱼类能否顺利通过大坝,因此为确保过鱼效果,针对具体过鱼设施开展水力学模型试验研究十分必要。

本研究通过建立大比尺(1:3)局部水工模型以及高精度三维紊流数学模型,采用多种先进量测设备对鱼道池室内部(包括休息池)的整体水流流态、水流流速、局部水流现象等进行精细模拟和研究,优化确定鱼道隔板的型式、竖缝(过鱼孔)宽度、底坡、鱼道正常水深等参数,为枢纽过鱼设施的整体设计、建设提供数据支撑和技术参考。

15.1.2 研究鱼类生物学特性

15.1.2.1 主要过鱼对象

修建过鱼设施以沟通枢纽坝址上下游的鱼类交流、保护土著鱼类资源为目标,珍稀保护鱼类为重点关注的对象。结合工程所处河段鱼类分布、特性以及鱼类的保护价值,确定过鱼对象见表 15-1。

表 15-1 过鱼对象表

类别	鱼名	迁徙类型	土著鱼类	保护鱼类	经济鱼类
主要过鱼对象	裸重唇鱼	短距离溯河	√	Ⅰ级	√
兼顾过鱼对象	高原鳅、斯氏高原鳅、小体高原鳅、小眼须鳅	随机	√		√

15.1.2.2 过鱼季节

过鱼季节,即指鱼道主要过鱼对象需要通过该鱼道溯河上行的时段。枢纽鱼道的主要过鱼对象裸重唇鱼是Ⅰ级重点保护水生野生动物,属高山水域分布的冷水性鱼类,常年生活在水温较低(7~15 ℃)的环境下,生长缓慢。河道的急流和缓水处均可栖息,每年2—3月间开始向上游游动,尤以4月比较集中,10月开始下游。

鉴于裸重唇鱼等裂腹鱼类的主要产卵季节为4—7月,因此,为保证鱼类繁殖期间洄游通道的畅通,确定过鱼设施的主要过鱼季节为每年的4—7月。

15.1.2.3 过鱼季节上下游水位

鱼道上下游的运行水位,直接影响到鱼道在过鱼季节中是否有适宜的过鱼条件。鱼道上下游的水位变幅,也会影响鱼道出口和进口的水面衔接和水池水流条件,使到达出口部位的鱼无法进入水库,也可以使下游进口附近的鱼无法进入鱼道。

本工程电站为混合式开发电站,主要任务是回收动能,不承担水量调节任务,水库调节方式为日调节。电站在系统中调峰运行,对洪水不调节,汛期直接通过开敞式溢洪道下泄洪水,因此,该水库上游水位日变幅较大,达 14 m,鱼道需在库水位涨落情况下正常运行。

坝址断面生态基流按丰水期 5 月 3.98 m³/s(为该月坝址断面多年平均流量,占坝址断面多年平均流量的75%)、6—10 月 8.95 m³/s,枯水期 11 月—次年 4 月 1.58 m³/s 控制,对应的下游河道水位分别为:1 137.7、1 137.9、1 138.1 m。

15.1.2.4 隔板过鱼孔设计流速

鱼道设计流速,是指在设计水位差情况下,鱼道隔板过鱼孔中的最大流速值。影响设计流速值的因素有:过鱼对象、地理位置、池室水流条件等。通过前期本工程鱼类游泳能力试验成果,建议鱼道过鱼孔最大流速为 1.20 m/s。这样的流速可以满足新疆裸重唇鱼成熟个体的繁殖过坝要求,并可以兼顾其他过鱼对象的过坝交流要求。

15.1.3 研究内容与技术线路

15.1.3.1 主要研究内容

鱼类在进入鱼道进口后,其过鱼效果主要取决于隔板过鱼孔的流速及相邻两隔板水池间的水流流态。要求过鱼孔流速小于过鱼对象的克流能力,水池间主流明确,需要一定回流(消能要求),但回流又不能过于剧烈,范围不能过大,以免小型鱼类迷失方向,延误上溯时间。鱼道局部水力学模型试验就是进行不同隔板型式、布置方式的方案比较,使鱼道中水流条件满足流速、流态的要求,同时局部模型试验亦可验证初设中所定每块隔板水头差等参数是否能满足设计要求。

本工程过鱼设施局部模型试验研究的主要内容如下:

(1)针对设计拟采用的鱼道隔板型式,进行各种优化布置试验,以求在满足鱼道设计流速的要求下,鱼道隔板之间有较好的流态,适合于主要过鱼对象的顺利上溯,并具有良好的休息条件。

(2)观察各隔板之间的水流流态和局部水流现象,避免不利于过鱼的水力条件。

(3)测量竖缝处和鱼道水池内的流速分布、鱼道内的水面线和相邻隔板间的水头降落等。

(4)优化确定鱼道的宽度、隔板间距、底坡、鱼道正常水深、每块隔板上下游水位差及休息池的布置形式等。

(5)优化确定鱼道坡度及结构布置形式。

15.1.3.2　研究方法与技术线路

研究通过采用物理模型试验、数值模拟和理论分析计算相结合的综合技术手段开展。具体方法如下:

(1)理论分析计算。根据现场实际情况和建设条件、过鱼种类和习性,对现鱼道布置进行进一步的理论分析,协同设计相关部门优化鱼道设计参数及相关布置。

(2)三维紊流数学模型。建立鱼道局部三维紊流数学模型;对两种已在我国鱼道建设中采用的典型隔板型式的水流条件开展数值模拟,进行对比研究,分析鱼道池室的流速、流态,消能效果和消能工尺寸的合理性,获取较优的隔板布置型式及底坡坡度。

(3)大比尺(1:3)局部水力学试验。根据数值模拟结果推荐的隔板型式,针对枢纽鱼道建立大比尺(1:3)水工物理模型,开展不同布置方案的试验研究;分析各隔板之间的水流流态和局部水流现象,优化确定鱼道的结构及运行参数。

15.1.4　鱼道结构布置

过鱼建筑物采用"鱼道+鱼闸"的布置型式。由于水库为日调节水库,水位日变幅可达 14 m,过鱼设施需在库水位涨落情况下正常运行。电站坝线河段地形为基本对称的"V"形峡谷,两岸岸坡坡度 40°~45°,岸高一般 320~370 m,左岸相对右岸略陡。河流走向基本正北方向,河道狭窄,枯水期仅 15~25 m,一般水深 0.5~1.0 m。谷底高程宽度约 105 m。根据坝址处地形和枢纽布置情况,将鱼道布置在河道左岸,进口段设于拦河坝下游左岸山坡上,自河床高程盘折上升。鱼道由诱鱼系统、进口、池室、休息池、出口等组成。

15.1.4.1　设计水位

电站正常蓄水位 1 199.0 m,上游可能出现的最低水位为死水位 1 185.0 m,因此,最大设计水位差为 1 199.0 m−1 185.0 m =14.0 m。

15.1.4.2　设计流速

建议鱼道过鱼孔最大流速为 1.20 m/s。这样的流速可以满足新疆裸重唇鱼成熟个体的繁殖过坝要求,也可兼顾其他过鱼对象的过坝交流要求。

15.1.4.3　鱼道结构

1.池室宽度

鱼道宽度主要由过鱼量和过鱼对象个体大小决定的,过鱼量越多,过鱼目标个体越大,鱼道宽度要求越大。本鱼道宽度取 1.5 m。

2.池室长度

池室长度与水流的消能效果和鱼类的休息条件关系密切。较长的池室,水流条件较好,休息水域较大,对于过鱼有利。同时,过鱼对象个体越大,池室长度也应越大。本鱼道池室长度取 1.8 m。

3.隔板设计

由于竖缝式鱼道具有各水层鱼类都可适应、适应水位变幅较大、不易淤积等优点,因此,本工程鱼道推荐采用垂直竖缝式鱼道。

本项目研究报告之一鱼类游泳能力试验报告对过鱼竖缝宽度的要求,本阶段鱼道竖缝宽度初步选择为 22.5 cm,下阶段根据鱼道水力学研究进行进一步优化。

4.池室深度

鱼道水深 h 主要视过鱼对象习性而定,底层鱼和体型较大的成鱼相应要求水深较深。国内外鱼道深度一般为 1.0~3.0 m,本工程过鱼要兼顾表层鱼和底层鱼类,所以鱼道正常运行水深为 1.2~1.6 m,池室深度 2.0 m,防止鱼道运行时因水流波动溢出。

5.池间落差及鱼道底坡

为满足过鱼竖缝及过鱼孔的设计流速,本鱼道底坡初步取为 1/40。池间落差及鱼道底坡需进行物模试验验证后方可使用。

6.休息池

考虑鱼类上溯途中要设置一定的休息场所,每 20~25 个普通池室设一个休息室,休息池平底,其长度为 9 m。并结合现场地形布置,在拐弯处增设大面积休息池,供鱼类上溯过程中暂时休息,恢复体力,提高目标鱼类的通过效率。

15.1.4.4　鱼道进出口

1.进口

鱼道的进口能否为鱼类较快发觉和顺利进入,直接影响过鱼的效果,是鱼道成败的关键。本鱼道进口初步选择在拦河坝下游左岸,方向指向下游,与水流方向夹角小于 45°。考虑到下游水位变幅不大,进口数量暂设计为 1 个,并设 1.5 m×2.0 m 检修门。

2.出口

由于水库为日调节水库,上游水位日变幅可达 14 m,原方案为了克服这一水位变幅,在上游库区又增设了长 2 792 m,提升 46.5 m 的鱼道,使鱼道延伸至库尾。这一设计工程量较大,且鱼类需连续上溯 6 000 m,爬升高度 100.5 m,对目标鱼类的体力是极大的考验,影响其过坝通过率。因此,在与设计沟通讨论后,上游库区段的鱼道拟修改为鱼闸型式,可有地效适应上游水位变幅,并大幅降低目标鱼类的过坝难度,因此,鱼道出口在坝前直接接鱼闸布置。

15.1.4.5　鱼道布置

根据坝址处地形和枢纽布置情况,将鱼道布置在河道左岸,进口段设于拦河坝下游左岸山坡上,自河床高程盘折上升,至一定高程采用隧洞型式穿过坝身,与库区的鱼闸布置相连接。

综上所述,鱼道池室的初步参数为:池室宽1.5 m,长1.8 m;每20~25个普通池设1个休息池;休息池设计为9 m;采用竖缝式隔板型式,竖缝宽度22.5 cm;鱼道坡度初定为1/40,最终坡度根据试验结果确定,休息池为平底无坡度;鱼道的正常运行水深为1.2~1.6 m。

15.1.5　数学模型研究成果

15.1.5.1　计算区域及网格划分

通过运用流体力学软件 FLOW-3D 建立三维数学模型,数学模型主要对鱼道隔板型式和底坡进行比选,主要针对 H 型和 L 型两种不同的隔板型式,鱼道计算区域长度取43 m,含20级池室,1个休息池。在鱼道隔板型式比选时,建立起的数学模型底坡均为1:40,考虑到鱼道水深对池室流速、流态影响不大,数学模型中池室计算水深取为1.0 m。H 型隔板布置下的鱼道池室三维模型如图15-1所示,鱼道计算区域采用六面体进行网格划分如图15-2所示。L 型隔板布置下鱼道池室三维模型如图15-3所示,鱼道计算区域网格划分如图15-4所示。

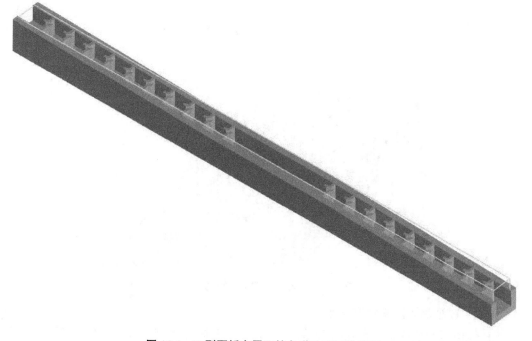

图15-1　H型隔板布置下的鱼道池室三维模型

图 15-2　H 型隔板布置下鱼道池室三维网格划分

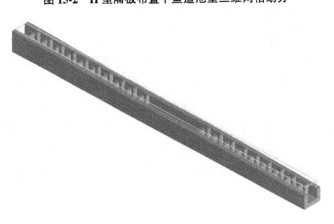

图 15-3　L 型鱼道池室三维模型

图 15-4　L 型鱼道池室三维网格划分

15.1.5.2　H 型隔板池室水流条件

H 型隔板数值模拟结果如图 15-5、15-6 所示。其中:图 15-5 为 H 型隔板方案下,池室

流速(m/s)

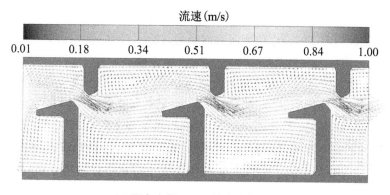

（a）距离底部 0.8 m 处流速矢量图

流速(m/s)

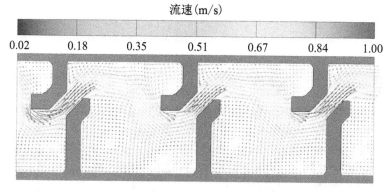

（b）距离底部 0.5 m 处流速矢量图

流速(m/s)

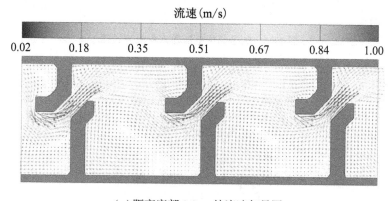

（c）距离底部 0.2 m 处流速矢量图

图 15-5　H 型隔板鱼道池室流速矢量图

表层（距离池室底部 0.8 m）、中间层（距离池室底部 0.5 m）、底层（距离池室底部 0.2 m）水流流速矢量图，图 15-6 为主流流线图。

　　由图可见，主流流经竖缝后，直接顶冲左侧岸墙，致使主流急剧转向，主流扭转角度超过 90°，形成池室左侧大流速区，池室右侧为小流速区（理想的流态应该是主流挑流进入池室中央，利用池室水体消能）。主流宽度与竖缝宽度接近（竖缝宽度为 0.225 m），主流流速 v_x 最大值约 0.75 m/s，出现在竖缝前缘与竖缝后缘。由于数学模型中，鱼道池室底部及池室边壁考虑为水泥抹面,边壁相对光滑,使得池室内表层、中间层、底层流速总体差异不大。从流速矢量图 15-5 看,池室内主流明确,池室右侧形成了一个大范围的漩涡,但漩涡强度很弱,流速值大小在 0.1~0.2 m/s,适合鱼类栖息。

为了更定量地了解鱼道池室内水流流速大小,在池室内布设 5 个测流断面,如图 15-7 所示,每个测流断面均匀布设 10 个测点,表层、中间层、底层共设置 150 个测点,各测点流速数据见表 15-2~表 15-4。由表可见,池室内主流最大流速平均值为$(0.82+0.77+0.77)/3 = 0.79(\text{m/s})$,150 个测点中,大于 0.8 m/s 的测点仅 1 个,占总数的 0.7%。池室内存在大范围小流速区,流速值在 0.2 m/s 左右。可见流速指标能够满足低于 1.2 m/s 设计流速的要求。

综上所述,尽管该型式竖缝附近流速较小,但是从其流态看,主流流经竖缝后直接顶冲左侧岸墙,主流扭转角度过大,效果并不理想。

流速(m/s)

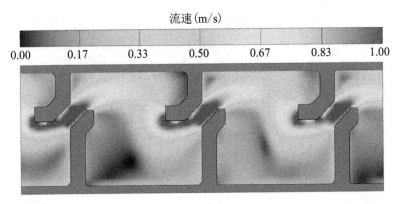

图 15-6 H 型隔板鱼道池室主流流线图

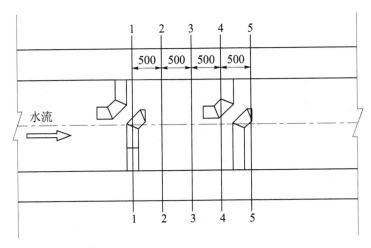

图 15-7 鱼道池室流速测点布设 5 个断面(每个断面布设 10 个测点)(单位:mm)

表 15-2　　　　　　　　　　H 型隔板池室表层流速(距底 0.8 m)　　　　　　　单位:m/s

距离（m）	断面 1	断面 2	断面 3	断面 4	断面 5	最大值
0.02	—	-0.25	-0.26	-0.18	-0.10	-0.10
0.18	—	-0.20	-0.22	-0.10	-0.07	-0.07
0.34	—	-0.14	-0.09	0.05	-0.03	0.05
0.51	—	-0.05	0.14	0.36	0.02	0.36
0.67	—	0.05	0.31	0.65	0.09	0.65
0.83	—	0.14	0.35	0.22	—	0.35
0.99	0.66	0.15	0.29	—	—	0.66
1.16	0.34	0.54	0.22	—	0.82	0.82
1.32	0.03	0.59	-0.01	-0.04	0.31	0.59
1.48	-0.11	-0.01	-0.16	-0.06	-0.06	-0.01
最大值	0.66	0.59	0.35	0.65	0.82	0.82

表 15-3　　　　　　　　　　H 型隔板池室中间层流速(距底 0.5 m)　　　　　　单位:m/s

距离（m）	断面 1	断面 2	断面 3	断面 4	断面 5	最大值
0.02	—	-0.15	-0.18	-0.09	0.02	0.02
0.18	—	-0.14	-0.15	-0.03	0.00	0.00
0.34	—	-0.12	-0.12	-0.01	0.00	0.00
0.51	—	-0.06	0.08	0.36	0.01	0.36
0.67	—	0.02	0.29	0.74	0.04	0.74
0.83	—	0.09	0.30	0.37	—	0.37
0.99	0.69	0.13	0.17	—	—	0.69
1.16	0.22	0.66	0.16	—	0.77	0.77
1.32	0.04	0.69	0.36	0.09	0.29	0.69
1.48	-0.01	0.45	0.55	0.08	-0.06	0.55
最大值	0.69	0.69	0.55	0.74	0.77	0.77

表 15-4　　　　　　　　　　H 型隔板池室底层流速(距底 0.2 m)　　　　　　　单位:m/s

距离（m）	断面 1	断面 2	断面 3	断面 4	断面 5	最大值
0.02	—	-0.08	-0.24	-0.18	-0.10	-0.08
0.18	—	-0.03	-0.06	0.03	-0.02	0.03
0.34	—	0.02	0.07	0.21	0.00	0.21
0.51	—	0.04	0.17	0.35	-0.01	0.35
0.67	—	0.06	0.25	0.77	0.01	0.77
0.83	—	0.06	0.28	0.23	—	0.28
0.99	0.76	0.10	0.33	—	—	0.76

续表 15-4

距离(m)	断面 1	断面 2	断面 3	断面 4	断面 5	最大值
1.16	0.39	0.73	0.36	—	0.77	0.77
1.32	0.02	0.57	0.14	−0.04	0.17	0.57
1.48	0.08	0.20	0.13	−0.04	−0.18	0.20
最大值	0.76	0.73	0.36	0.77	0.77	0.77

15.1.5.3 L 型隔板池室水流条件

L 型隔板流速矢量图及主流流线图如图 15-8~15-9 所示,主流宽度与竖缝宽度接近,约 0.23 m,主流呈现"S"形弯曲,主流流向明确。相比于 H 型隔板鱼道,弯曲程度小(不到 45°),主流平顺,鱼类上溯一般沿着主流上溯,因此,上溯过程中无须急速转弯。主流最大流速出现在竖缝断面后缘,最大流速值约为 0.85 m/s。主流左右两侧均存在低流速区。低流速区流速略大于 H 型隔板池室低流速区流速。

同样的,为了更细致地观察鱼道内流速值,提取了 3 个水层、5 个断面共 150 个测点的流速值,测点布置如图 15-10 所示。各测点流速值见表 15-5~表 15-7。由表可见,沿水深最大流速平均值为(0.84+0.90+0.86)= 0.87(m/s),150 个测点中仅 7 个测点流速超过 0.8 m/s,占比为 4.6%。

流速(m/s)

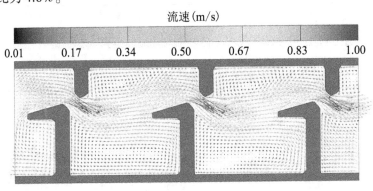

(a)距离底部 0.8 m 处流速矢量图

流速(m/s)

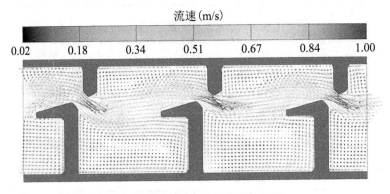

(b)距离底部 0.5 m 处流速矢量图

图 15-8 L 型隔板鱼道池室流速矢量图(底坡 1:40)

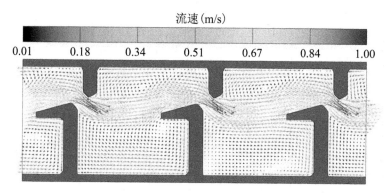

（c）距离底部 0.2 m 处流速矢量图

续图 15-8

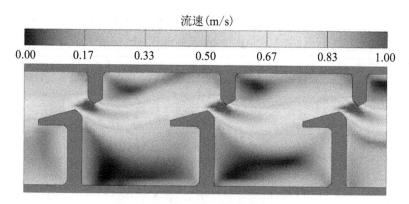

图 15-9 L 型隔板鱼道池室主流流线图（底坡 1:40）

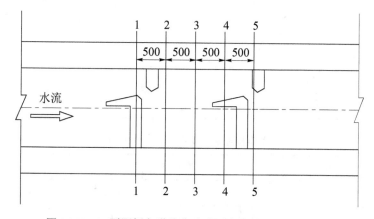

图 15-10 L 型隔板鱼道池室流速测点布置图（单位:mm）

表 15-5 　　　　　　　　　　**L 型隔板池室表层流速**(距底 0.8 m)　　　　　单位：m/s

距离（m）	断面 1	断面 2	断面 3	断面 4	断面 5	最大值
0.02	—	-0.27	-0.36	-0.21	-0.09	-0.09
0.18	—	-0.27	-0.30	-0.06	-0.12	-0.06
0.34	—	-0.22	-0.19	0.04	-0.08	0.04
0.51	—	-0.02	-0.06	0.07	-0.01	0.07
0.67	—	0.19	0.16	0.13	0.07	0.19
0.83	—	0.78	0.56	—	0.39	0.78
0.99	0.84	0.37	0.60	0.52	0.78	0.84
1.16	0.53	0.05	0.19	0.60	—	0.60
1.32	-0.07	-0.05	-0.18	0.01	—	0.01
1.48	-0.20	-0.13	-0.40	-0.25	—	-0.13
最大值	0.84	0.78	0.60	0.60	0.78	0.84

表 15-6 　　　　　　　　　　**L 型隔板池室中间层流速**(距底 0.5 m)　　　　　单位：m/s

距离（m）	断面 1	断面 2	断面 3	断面 4	断面 5	最大值
0.02	—	-0.19	-0.34	-0.20	-0.07	-0.07
0.18	—	-0.09	-0.22	-0.16	-0.08	-0.08
0.34	—	-0.06	-0.11	-0.13	-0.09	-0.06
0.51	—	0.06	0.06	-0.10	-0.04	0.06
0.67	—	0.32	0.37	0.00	0.07	0.37
0.83	—	0.83	0.78	—	0.33	0.83
0.99	0.89	0.43	0.64	0.69	0.90	0.90
1.16	0.71	0.05	0.20	0.66	—	0.71
1.32	0.20	-0.05	-0.19	0.09	—	0.20
1.48	-0.21	-0.20	-0.37	-0.19	—	-0.19
最大值	0.89	0.83	0.78	0.69	0.90	0.90

表 15-7 　　　　　　　　　　**L 型隔板池室底层流速**(距底 0.2 m)　　　　　单位：m/s

距离（m）	断面 1	断面 2	断面 3	断面 4	断面 5	最大值
0.02	—	-0.21	-0.31	-0.23	0.04	0.04
0.18	—	0.04	-0.03	-0.05	0.01	0.04

续表 15-7

距离（m）	断面 1	断面 2	断面 3	断面 4	断面 5	最大值
0.34	—	0.05	0.08	0.14	0.01	0.14
0.51	—	0.14	0.16	0.09	0.06	0.16
0.67	—	0.31	0.49	0.22	0.09	0.49
0.83	—	0.86	0.84	—	0.43	0.86
0.99	0.75	0.38	0.50	0.73	0.86	0.86
1.16	0.57	0.04	0.16	0.64	—	0.64
1.32	0.11	−0.10	−0.07	0.17	—	0.17
1.48	−0.20	−0.17	−0.29	−0.21	—	−0.17
最大值	0.75	0.86	0.84	0.73	0.86	0.86

　　通过鱼道三维紊流数学模型对比 H 型和 L 型池室水流流速、流态可知，H 型隔板型式主流扭曲度大，能量耗散大，这也使得池室内最大流速较 L 型池室流速小，但是考虑到 H 型隔板式鱼道池室流态较差，推荐 L 型隔板型式。鱼道隔板细部尺寸如图 15-11 所示。

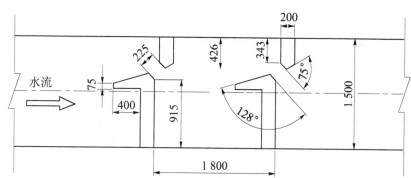

图 15-11　鱼道推荐隔板细部尺寸（单位：mm）

15.1.5.4　鱼道坡度比选

　　考虑到推荐体型 L 型隔板坡度为 1:40 时候纵向最大流速 v_x 约 0.87 m/s（最大合速度约 1.0 m/s），与最大设计流速 1.2 m 尚有富余，因此，尝试对坡度进行优化。同时，为了更全面地了解该种体型鱼道池室的水流特性，为设计单位提供更详尽的技术支持数据，本报告同时模拟计算了底坡 1:45、1:35、1:30 三种工况下鱼道池室内的水流特性。

　　底坡 1:45 时，鱼道流场如图 15-12、图 15-13 所示，各测点流速值见表 15-8～表15-10。由图表可见，对比 1:40，鱼道内大流速区略有减小，最大流速平均值为 0.86 m/s。流态与 1:40 工况差别不大，主流总体平顺，主流两侧形成两个弱回流区。

流速(m/s)

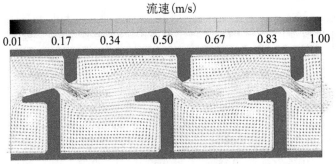

（a）距离底部 0.8 m 处流速矢量图

流速(m/s)

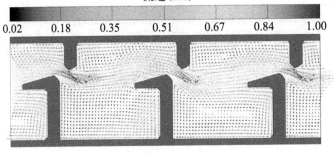

（b）距离底部 0.5 m 处流速矢量图

流速(m/s)

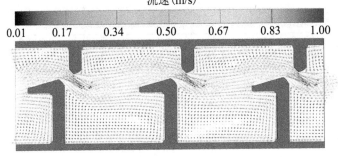

（c）距离底部 0.2 m 处流速矢量图

图 15-12　L 型隔板鱼道池室流速矢量图（底坡 1∶45）

流速(m/s)

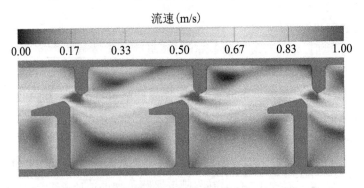

图 15-13　L 型隔板鱼道池室主流流线图（底坡 1∶45）

表 15-8   **L 型隔板池室表层流速**(1:45 底坡,距底 0.8 m)   单位:m/s

距离(m)	断面 1	断面 2	断面 3	断面 4	断面 5	最大值
0.02	—	−0.21	−0.21	−0.24	−0.05	−0.05
0.18	—	−0.10	−0.11	−0.14	−0.03	−0.03
0.34	—	0.02	0.01	−0.01	0.00	0.02
0.51	—	0.12	0.10	0.15	0.03	0.15
0.67	—	0.46	0.38	0.38	0.06	0.46
0.83	—	0.85	0.84	—	0.15	0.85
0.99	0.52	0.24	0.35	0.80	0.87	0.87
1.16	0.44	0.01	0.02	0.57	—	0.57
1.32	0.28	−0.07	−0.05	0.03	—	0.28
1.48	0.09	−0.16	−0.13	−0.28	—	0.09
最大值	0.52	0.85	0.84	0.80	0.87	0.87

表 15-9   **L 型隔板池室中间层流速**(1:45 底坡,距底 0.5 m)   单位:m/s

距离(m)	断面 1	断面 2	断面 3	断面 4	断面 5	最大值
0.02	—	−0.22	−0.47	−0.36	−0.09	−0.09
0.18	—	−0.07	−0.12	−0.13	−0.07	−0.07
0.34	—	0.03	0.04	0.07	−0.02	0.07
0.51	—	0.07	0.21	0.21	0.03	0.21
0.67	—	0.18	0.39	0.38	0.05	0.39
0.83	—	0.73	0.75	—	0.21	0.75
0.99	0.79	0.55	0.63	0.75	0.86	0.86
1.16	0.77	0.05	0.19	0.66	—	0.77
1.32	0.24	−0.01	−0.05	0.20	—	0.24
1.48	−0.23	−0.10	−0.30	−0.11	—	−0.10
最大值	0.79	0.73	0.75	0.75	0.86	0.86

表 15-10			L 型隔板池室底层流速（1:45 底坡，距底 0.2 m）			单位：m/s
距离（m）	断面 1	断面 2	断面 3	断面 4	断面 5	最大值
0.02	—	−0.10	−0.29	−0.23	−0.04	−0.04
0.18	—	−0.01	−0.17	−0.23	−0.04	−0.01
0.34	—	0.06	−0.04	−0.09	−0.01	0.06
0.51	—	0.10	0.12	0.15	0.01	0.15
0.67	—	0.13	0.36	0.48	0.04	0.48
0.83	—	0.75	0.79	—	0.13	0.79
0.99	0.79	0.67	0.60	0.86	0.82	0.86
1.16	0.77	−0.03	0.09	0.57	0.36	0.77
1.32	0.24	−0.11	−0.14	0.03	—	0.24
1.48	−0.23	−0.17	−0.39	−0.28	—	−0.17
最大值	0.79	0.75	0.79	0.86	0.82	0.86

图 15-14、图 15-15 为底坡 1:35 时不同水层流速矢量图和流线图，表 15-11~表 15-13 为各测点的流速值。由图表可见，相比于 1:40，v_x 流速明显增大，且最大流速平均值为 1.07 m/s。流速矢量图和流线图显示，整体水流流态与 1:40 几乎相同，主流流线呈"S"形弯曲，主流两侧存在低流速区。

1:35 工况下，池室内三维流速合速度值 v 见表 15-14~表 15-16。由表 15-14~表 15-16 可见，1:35 坡度时，池室内测点流速多数在 1.2 m/s 以下（仅一个测点最大水流流速为 1.2 m/s），最大合速度 V 平均值为 1.15 m/s，说明本工况能够满足 1.2 m/s 的设计流速要求，考虑到本工程鱼道总长较长，综合考虑，本工程 1:35 的底坡是合适。

流速（m/s）

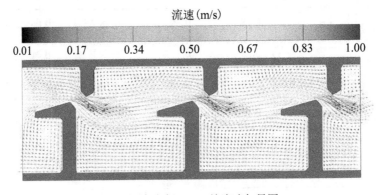

（a）距离底部 0.8 m 处流速矢量图

图 15-14　L 型隔板鱼道池室流速矢量图（底坡 1:35）

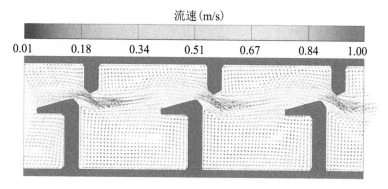

（b）距离底部 0.5 m 处流速矢量图

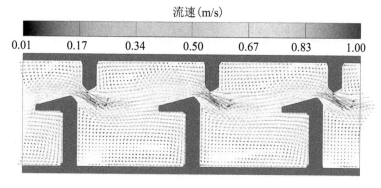

（c）距离底部 0.2 m 处流速矢量图

续图 15-14

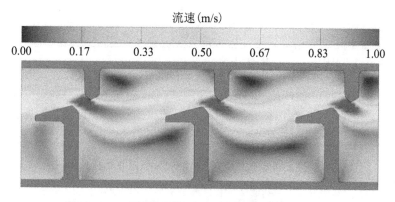

图 15-15   L 型隔板鱼道池室主流流线图（底坡 1:35）

表 15-11   **L 型隔板池室表层流速**（1:35 底坡,距底 0.8 m）   单位:m/s

距离（m）	断面 1	断面 2	断面 3	断面 4	断面 5	最大值
0.02	—	−0.24	−0.23	−0.30	−0.01	−0.01
0.18	—	−0.16	−0.16	−0.18	0.00	0.00
0.34	—	−0.05	−0.07	−0.09	0.01	0.01

续表 15-11

距离（m）	断面 1	断面 2	断面 3	断面 4	断面 5	最大值
0.51	—	0.06	0.07	−0.06	0.02	0.07
0.67	—	0.25	0.31	−0.06	0.05	0.31
0.83	—	1.02	0.87	—	0.19	1.02
0.99	0.77	0.57	0.58	0.70	0.89	0.89
1.16	0.36	0.08	0.16	0.83	—	0.83
1.32	−0.08	−0.05	−0.11	0.25	—	0.25
1.48	−0.01	−0.18	−0.42	−0.32	—	−0.01
最大值	0.77	1.02	0.87	0.83	0.89	1.02

表 15-12　　　　　L 型隔板池室中间层流速（1∶35 底坡，距底 0.5 m）　　　　　单位：m/s

距离（m）	断面 1	断面 2	断面 3	断面 4	断面 5	最大值
0.02	—	−0.13	−0.29	−0.25	−0.10	−0.10
0.18	—	−0.07	−0.17	−0.08	−0.09	−0.07
0.34	—	−0.02	−0.01	0.03	−0.07	0.03
0.51	—	0.04	0.16	0.14	−0.04	0.16
0.67	—	0.21	0.54	0.34	0.03	0.54
0.83	—	0.94	1.00	—	0.17	1.00
0.99	0.71	0.61	0.64	1.00	1.08	1.08
1.16	0.07	0.09	0.24	0.71	—	0.71
1.32	−0.17	0.01	−0.09	0.03	—	0.03
1.48	−0.10	−0.16	−0.49	−0.43	—	−0.10
最大值	0.71	0.94	1.00	1.00	1.08	1.08

表 15-13　　　　　L 型隔板池室底层流速（1∶35 底坡，距底 0.2 m）　　　　　单位：m/s

距离（m）	断面 1	断面 2	断面 3	断面 4	断面 5	最大值
0.02	—	−0.07	−0.21	−0.29	0.02	0.02
0.18	—	−0.04	−0.14	−0.16	0.00	0.00
0.34	—	0.00	−0.01	−0.19	0.01	0.01
0.51	—	0.05	0.15	−0.04	0.04	0.15
0.67	—	0.13	0.45	0.40	0.05	0.45
0.83	—	0.96	1.03	—	0.17	1.03

续表 15-13

距离（m）	断面 1	断面 2	断面 3	断面 4	断面 5	最大值
0.99	1.12	0.51	0.37	0.90	0.98	1.12
1.16	0.78	−0.03	0.03	0.63	—	0.78
1.32	0.16	−0.13	−0.25	0.05	—	0.16
1.48	−0.28	−0.19	−0.10	−0.33	—	−0.10
最大值	1.12	0.96	1.03	0.90	0.98	1.12

表 15-14　　　　　**L 型隔板池室表层流速合速度**（1:35 底坡，距底 0.8 m）　　　　单位：m/s

距离（m）	断面 1	断面 2	断面 3	断面 4	断面 5	最大值
0.02	—	0.24	0.24	0.31	0.04	0.31
0.18	—	0.17	0.20	0.31	0.11	0.31
0.34	—	0.06	0.17	0.29	0.14	0.29
0.51	—	0.07	0.16	0.23	0.14	0.23
0.67	—	0.26	0.34	0.13	0.10	0.34
0.83	—	1.09	0.91	—	0.21	1.09
0.99	0.78	0.60	0.61	0.74	1.09	1.09
1.16	0.36	0.18	0.16	0.89	—	0.89
1.32	0.08	0.18	0.11	0.31	—	0.31
1.48	0.20	0.19	0.42	0.32	—	0.42
最大值	0.78	1.09	0.91	0.89	1.09	1.09

表 15-15　　　　　**L 型隔板池室中间层流速和合速度**（1:35 底坡，距底 0.5 m）　　　　单位：m/s

距离（m）	断面 1	断面 2	断面 3	断面 4	断面 5	最大值
0.02	—	0.14	0.29	0.25	0.11	0.29
0.18	—	0.10	0.20	0.08	0.15	0.20
0.34	—	0.09	0.08	0.11	0.17	0.17
0.51	—	0.08	0.18	0.18	0.17	0.18
0.67	—	0.23	0.55	0.35	0.12	0.55
0.83	—	0.99	1.01	—	0.18	1.01
0.99	0.73	0.66	0.66	1.03	1.21	1.21
1.16	0.16	0.25	0.25	0.73	—	0.73
1.32	0.21	0.22	0.11	0.15	—	0.22
1.48	0.20	0.19	0.49	0.43	—	0.49
最大值	0.73	0.99	1.01	1.03	1.21	1.21

表 15-16　　　　　L 型隔板池室底层流速合速度(1∶35 底坡,距底 0.2 m　　　　单位:m/s

距离(m)	断面 1	断面 2	断面 3	断面 4	断面 5	最大值
0.02	—	0.07	0.22	0.30	0.14	0.30
0.18	—	0.08	0.15	0.22	0.12	0.22
0.34	—	0.09	0.06	0.31	0.12	0.31
0.51	—	0.09	0.18	0.29	0.12	0.29
0.67	—	0.15	0.46	0.44	0.11	0.46
0.83	—	1.01	1.06	—	0.21	1.06
0.99	1.13	0.57	0.39	0.93	1.15	1.15
1.16	0.78	0.27	0.06	0.66	—	0.78
1.32	0.19	0.28	0.26	0.13	—	0.28
1.48	0.29	0.22	0.48	0.33	—	0.48
最大值	1.13	1.01	1.06	0.93	1.15	1.15

　　底坡为 1∶30 时,典型流速矢量图、流线图见图 15-16,各测点流速值见表 15-17。由图 15-16 及表 15-17 可见,底坡 1∶30 时流态与其他坡度相比变化不大,流速值进一步增大,流速合速度值最大值个别点已超过 1.2 m/s。尽管大流速点只是在个别点出现,考虑到本鱼道长度特别长,保守起见,鱼道坡度不宜过陡。

表 15-17　　　　　L 型隔板池室表层流速合速度(1∶30 底坡,距底 0.8 m)　　　　单位:m/s

距离(m)	断面 1	断面 2	断面 3	断面 4	断面 5	最大值
0.02	—	0.07	0.29	0.25	0.05	0.29
0.18	—	0.05	0.17	0.28	0.11	0.28
0.34	—	0.04	0.08	0.29	0.14	0.29
0.51	—	0.14	0.30	0.27	0.11	0.30
0.67	—	0.78	0.73	0.21	0.08	0.78
0.83	—	1.30	0.76	—	0.71	1.30
0.99	0.78	0.48	0.39	0.55	1.20	1.20
1.16	0.44	0.33	0.19	0.89	—	0.89
1.32	0.15	0.30	0.14	0.55	—	0.55
1.48	0.10	0.17	0.58	0.11	—	0.58
最大值	0.78	1.30	0.76	0.89	1.20	1.30

流速(m/s)

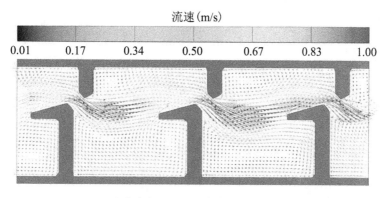

（a）距离底部 0.8 m 处合流速等值线云图

流速(m/s)

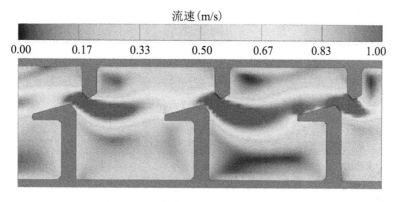

（b）距离底部 0.8 m 主流流线图

图 15-16 L 型隔板鱼道池室水流特性图（1:30）

不同底坡时鱼道内主要水力参数见表 15-18。由表 15-18 可见,随着坡度的逐渐变陡,竖缝平均流速则依次递增约 5%,竖缝最大流速也呈递增趋势。1:35 坡度时,鱼道内最大流速已接近 1.2 m/s。因此,本工程推荐坡度为 1:35。

表 15-18   **不同底坡鱼道池室水力参数**

底坡(°)	流量(m³/s)	竖缝平均流速(m/s)	竖缝最大流速(m/s)
45	0.187	0.83	0.90
40	0.198	0.88	1.00
35	0.213	0.95	1.20
30	0.244	1.08	1.30

15.1.5.5 180°休息池方案分析

180°转弯段休息池,竖缝同侧布置时流态图如图 15-17 所示,由图 15-17 可见,池室内形成一个大环流,除环流中心区域流速低于 0.2 m/s 外,低速中心区和与主流之间环流流速和范围均较大,显然流速场不合理,容易引起鱼类迷失方向。

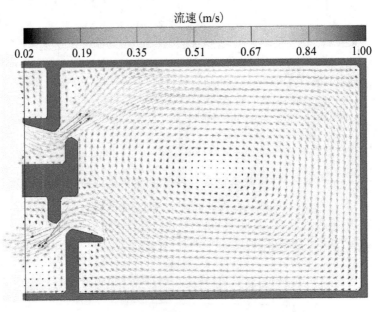

(a)流速矢量图,同侧,4.5 m 池长×3.5 m 池宽

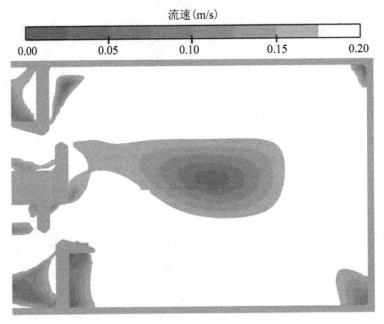

(b)休息池流速内低于 0.2 m/s 的流速区域图

图 15-17　休息池流场分布图(4.5 m 池长×3.5 m 池宽,异侧竖缝,180°弯段)

　　将隔板改成异侧布置,流场分布如图 15-18 所示。由于主流进入休息池后被导入远端的竖缝,使得池室中央的环流强度减弱,大流速环流区(流速大于 0.2 m/s 的环流区)被低流速区切断,流态有较大改善,低速区范围明显增大。

　　为进一步探索可能的流态改善措施,考虑在休息池池室中间加 2.7 m 长隔板,以消除池室中间大回流,增大低流速区范围。数值模拟结果如图 15-19 所示。由图 15-19 可见,加 2.7 m 长隔墙后,池室内低流速区范围进一步增大,但在隔墙端头也出现了一个小范围强度大于 0.2 m/s 的回流区(1.87 m 长×0.4 m 宽,面积约 0.75 m²)。

综合考虑,加 2.7 m 长隔墙后,低流速范围显著增大,且显著缩小池室大环流尺度,考虑到本鱼道长度非常长,提供更多的低速休息区对鱼类有益,推荐该方案为 180°转弯段休息池推荐方案。

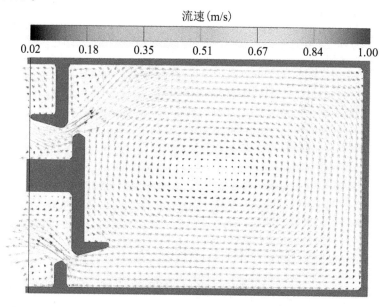

(a)流速矢量图,异侧,4.5 m 池长×3.5 m 池宽

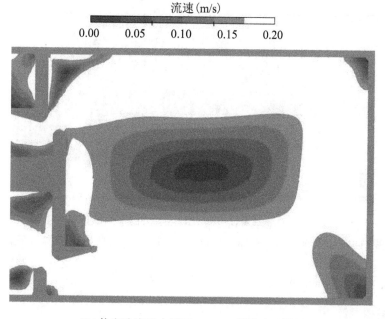

(b)休息池流速内低于 0.2 m/s 的流速区域图

图 15-18　休息池流场分布图(4.5 m 池长×3.5 m 池宽,异侧竖缝,180°弯段)

流速(m/s)

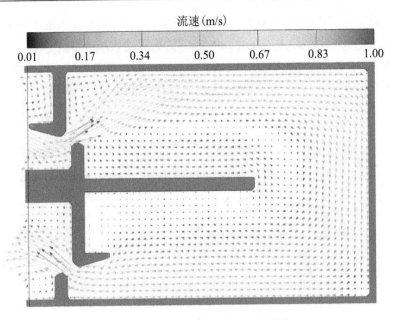

(a)流速矢量图,异侧,加 2.7 m 长隔墙

流速(m/s)

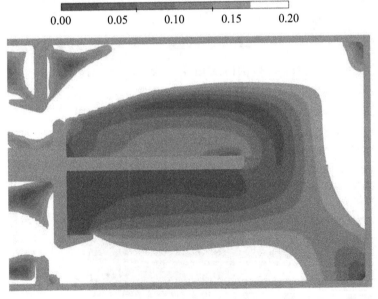

(b)休息池流速内低于 0.2 m/s 的流速区域图

图 15-19 休息池流场分布图(4.5 m 池长×3.5 m 宽,异侧竖缝,加 2.7 m 隔墙)

15.1.6 物理模型研究成果

15.1.6.1 模型设计

鱼道池室水力特性局部物理模型按重力相似准则设计,考虑到鱼道池室内隔板竖缝

宽度较小,仅为22.5 cm,为准确模拟鱼道池室及竖缝的水流条件,池室局部物理模型的几何比尺$L_r=3$,由此可得:

速度比尺:$L_v=L_r^{1/2}=1.73$;

流量比尺:$L_Q=L_r^{5/2}=15.59$。

局部模型模拟范围包括17个池室和1个180°转弯段休息室,其中转弯段休息室上游9个池室、下游8个池室。局部模型共有19块L型隔板(自下而上以1#至19#编号),池室段采用三维紊流数学模型推荐的鱼道池室坡度$i=1:35$,休息池坡度为平坡。局部模型整体布置如图15-20所示。

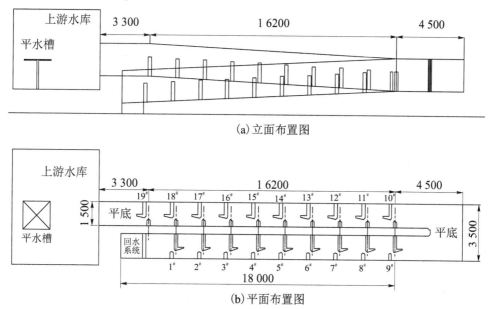

(a)立面布置图

(b)平面布置图

图15-20　鱼道局部物理模型布置图(单位:mm)

15.1.6.2　竖缝流速

鱼道池室隔板竖缝的最大流速直接关系到鱼类能否顺利由下一级池室洄游到上一池室,试验对4#~15#隔板过鱼竖缝的最大流速进行了测量。由池室内流速流态三维数值模拟结果可知,池室内最大流速出现在竖缝前缘或后缘,因此在局部物理模型中将过鱼孔(缝)最大流速测点布置在竖缝后缘,考虑到隔板竖缝内最大流速的重要性,采用旋桨流速仪对隔板竖缝的不同高程的最大流速进行了测量,每个隔板竖缝从下到上分别测量了6个位置,测点平面和立面位置示意见图15-21。试验结果见表15-19。

由表15-19可见,旋桨流速仪测量的鱼道隔板竖缝最大流速为1.02 m/s,隔板竖缝沿水深流速平均值为0.87 m/s,设计方案鱼道隔板竖缝最大流速满足小于1.2 m/s的设计要求。

由池室三维数值模拟结果可知,推荐坡度1:35下,L型隔板鱼道竖缝平均流速为0.95 m/s,竖缝最大流速v_x为1.12 m/s。局部物理模型测量的鱼道竖缝流速平均值和流速最大值比三维数值模拟结果分别小8.4%和8.9%。鱼道局部物理模型测得鱼道流量为

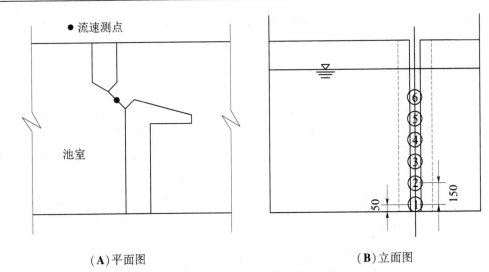

（A）平面图　　　　　　　　　　（B）立面图

图 15-21　隔板过鱼缝流速测点布置

0.20 m³/s，比三维数值模拟流量计算值 0.213 m³/s 略小约 6.1%。考虑到鱼道局部物理池室底部及池室边壁相对糙率略大于原型池室及三维数学模型，因此可认为局部物理模型和三维数学模型两种方法实测值基本一致。

表 15-19　　　　　　　　　　　各型隔板各过鱼孔测点的流速　　　　　　　　单位:m/s

隔板编号	测点距池底的距离						统计值		
	0.05 m	0.20 m	0.35 m	0.50 m	0.65 m	0.80 m	平均值	最大值	最小值
4#	0.89	0.81	0.78	0.78	0.78	0.73	0.81	0.89	0.73
5#	0.81	0.81	0.87	0.88	0.84	0.84	0.84	0.88	0.81
6#	0.94	0.89	0.88	0.91	0.91	0.91	0.91	0.94	0.88
7#	0.95	0.84	0.88	0.86	0.82	0.85	0.87	0.95	0.82
8#	1.02	0.92	0.94	0.92	0.93	0.89	0.94	1.02	0.89
9#	0.82	0.79	0.64	0.83	0.76	0.78	0.77	0.83	0.64
10#	0.94	0.88	0.86	0.87	0.86	0.89	0.88	0.94	0.86
11#	0.90	0.85	0.87	0.86	0.87	0.90	0.87	0.90	0.85
12#	0.93	0.89	0.90	0.82	0.81	0.78	0.87	0.93	0.78
13#	1.00	0.95	0.89	0.93	0.93	0.93	0.94	1.00	0.89
14#	0.98	0.91	0.95	0.92	0.92	0.93	0.93	0.98	0.91
15#	0.95	0.86	0.85	0.87	0.86	0.85	0.88	0.95	0.85
平均值	0.93	0.87	0.86	0.87	0.86	0.86	0.87	—	—
最大值	1.02	0.95	0.95	0.93	0.93	0.93	—	1.02	—
最小值	0.81	0.79	0.64	0.78	0.76	0.73	—	—	0.64

从隔板竖缝垂向最大流速变化看,竖缝内最大流速值沿水深变化较小,4#~15#隔板实测的竖缝垂向最大流速变化仅为0.05~0.16 m/s。鱼道池室水深大于0.35 m后,竖缝内不同水深位置的最大流速值已基本一致(见表15-19和如图15-22所示)。

由表15-19和图15-23可见,4#~15#隔板竖缝沿程最大流速为0.88~1.02 m/s。除9#隔板位于一般池室和弯道平底休息池交界处,竖缝流速略有减小外,沿程各隔板过鱼竖缝最大流速平均值无明显增大或减小现象,说明鱼道底坡和过鱼竖缝尺寸设计合理。

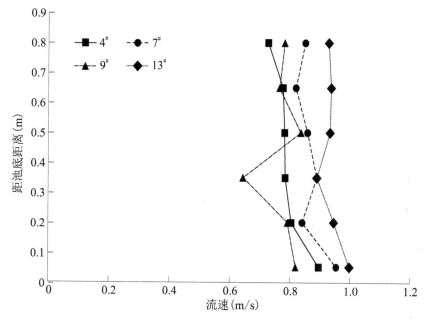

图 15-22　池室隔板竖缝最大流速

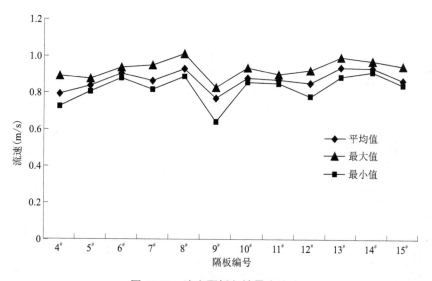

图 15-23　池室隔板竖缝最大流速

15.1.6.3　一般池室流态特征

为分析一般池室内水流分布,采用旋桨流速仪测量了一个典型池室不同水深处的流场分布情况,典型池室内测量了 6 个断面,池室内各断面测点位置见图 15-24。池室内不同深度测点流速见表 15-20 和如图 15-25 所示,池室流态如图 15-26 所示。

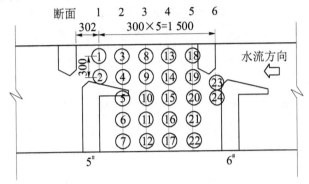

图 15-24　池室流态测点布置图(单位:mm)

由试验资料可见,在坡度 1:35 下,L 型隔板鱼道池室内大部分区域流速大于鱼类的感知流速 0.2 m/s,池室内主流流速在 0.37~0.63 m/s。主流流向变化较平顺,无明显的扭曲,水流主流在池室内成相对较缓的"S"形流线,有利于目标鱼类沿着主流上溯洄游。竖缝表面水流流向较为明确,无明显水位跌落,竖缝出口附近最大流速约为 0.63 m/s;主流到池室中间 3#~4#断面,主流区最大流速仅 0.41~0.51 m/s,且范围较小,有利于鱼类持续上溯洄游。

表 15-20　　　　　　　　　　　　　　典型池室内 x 向流速分布　　　　　　　　　　　单位:m/s

断面编号	测点编号	测点距池底的距离						平均值	最大值	最小值
		0.05 m	0.20 m	0.35 m	0.50 m	0.65 m	0.80 m			
1#	1	0.24	0.28	0.25	0.26	0.23	0.24	0.25	0.28	0.23
	2	0.41	0.36	0.38	0.44	0.42	0.36	0.39	0.44	0.36
2#	3	0.29	0.22	0.22	0.20	0.21	0.20	0.22	0.29	0.20
	4	0.44	0.47	0.45	0.46	0.47	0.37	0.44	0.47	0.37
	5	0.37	0.26	0.25	0.25	0.27	0.25	0.28	0.37	0.25
	6	0.28	0.18	0.18	0.19	0.23	0.22	0.21	0.28	0.18
	7	0.27	0.18	0.17	0.16	0.17	0.18	0.19	0.27	0.16
3#	8	0.22	0.20	0.20	0.20	0.23	0.24	0.22	0.24	0.20
	9	0.51	0.47	0.43	0.39	0.36	0.31	0.41	0.51	0.31
	10	0.41	0.33	0.42	0.50	0.45	0.44	0.42	0.50	0.33
	11	0.24	0.23	0.22	0.28	0.26	0.24	0.25	0.28	0.22
	12	0.29	0.22	0.20	0.20	0.22	0.21	0.22	0.29	0.20

续表 15-20

断面编号	测点编号	测点距池底的距离						平均值	最大值	最小值
		0.05 m	0.20 m	0.35 m	0.50 m	0.65 m	0.80 m			
4#	13	0.24	0.22	0.24	0.23	0.26	0.26	0.24	0.26	0.22
	14	0.08	0.07	0.08	0.08	0.08	0.08	0.08	0.08	0.07
	15	0.56	0.46	0.47	0.52	0.52	0.53	0.51	0.56	0.46
	16	0.26	0.22	0.19	0.22	0.25	0.25	0.23	0.26	0.19
	17	0.31	0.22	0.22	0.24	0.23	0.18	0.23	0.31	0.18
5#	18	0.21	0.21	0.22	0.23	0.23	0.22	0.22	0.23	0.21
	19	0.08	0.08	0.07	0.07	0.07	0.07	0.07	0.08	0.07
	20	0.34	0.08	0.20	0.49	0.51	0.59	0.37	0.59	0.08
	21	0.19	0.17	0.15	0.16	0.15	0.16	0.16	0.19	0.15
	22	0.28	0.21	0.20	0.19	0.18	0.18	0.21	0.28	0.18
6#	23	0.86	0.48	0.34	0.63	0.74	0.73	0.63	0.86	0.34
	24	0.21	0.12	0.15	0.16	0.15	0.15	0.16	0.21	0.12

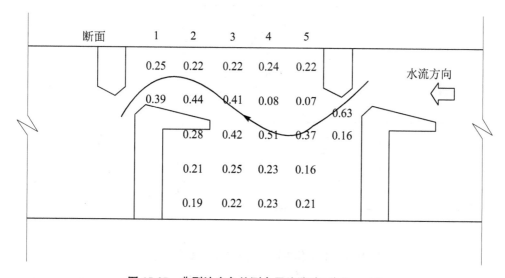

图 15-25 典型池室各处测点平均流速(单位:m/s)

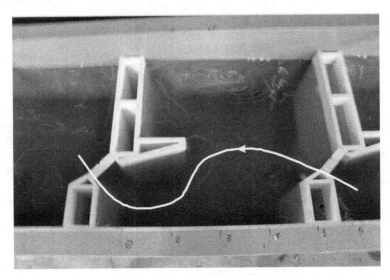

图 15-26   典型池室水流流态

15.1.6.4   180°转弯段休息池流态特征

为分析 180°弯道休息池内水流分布,采用旋桨流速仪测量了一典型 180°弯道休息池流场分布情况。休息池局部物理模型采用三维紊流数学模型推荐的池室尺度为 4.5 m×3.5 m,采用 L 型隔板、竖缝异侧布置,并在池室中间加 2.7 m 长隔墙的休息池型式。休息池内测量了 5 个断面,池室内各断面测点位置见图 15-27。弯道休息池内不同测点流速见表 15-21 和如图 15-28 所示,池室流态如图 15-29 所示。

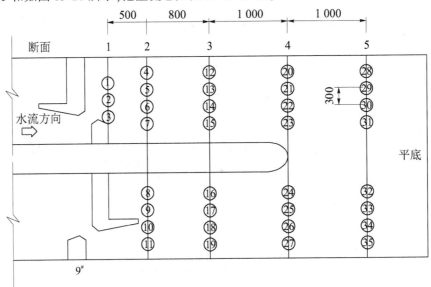

图 15-27   180°休息池流态测点布置图(单位:mm)

由试验资料可见,在坡度 1:35 下,推荐的 180°弯道休息池内主流流速在 0.13~0.46 m/s 之间,并在弯道处形成一明显的 180°的环流曲线。休息池中间无大尺度大回流,仅在隔墙端头下游侧出现了一个小范围强度在 0.2 m/s 左右的回流区,有利于目标鱼类找到上溯的方向。休息池内小于 0.2 m/s 的低流速区域较大,可供鱼类上溯过程中暂时休息,恢复体力,有利于提高目标鱼类的通过效率。

表 15-21　　　　　　　　　　　　休息池内 x 向流速分布　　　　　　　　　　　单位:m/s

断面编号	测点编号	测点距池底的距离						平均值	最大值	最小值
		0.05 m	0.20 m	0.35 m	0.50 m	0.65 m	0.80 m			
1#	1	0.12	0.14	0.13	0.14	0.14	0.14	0.13	0.14	0.12
	2	0.36	0.40	0.26	0.43	0.44	0.45	0.39	0.45	0.26
	3	0.10	0.09	0.09	0.09	0.09	0.09	0.09	0.10	0.09
2#	4	0.33	0.29	0.26	0.24	0.26	0.21	0.27	0.33	0.21
	5	0.52	0.41	0.42	0.42	0.47	0.47	0.45	0.52	0.41
	6	0.13	0.09	0.10	0.10	0.12	0.11	0.11	0.13	0.09
	7	0.08	0.11	0.10	0.10	0.09	0.08	0.09	0.11	0.08
	8	0.13	0.09	0.10	0.10	0.12	0.11	0.11	0.13	0.09
	9	0.08	0.11	0.10	0.10	0.09	0.08	0.09	0.11	0.08
	10	0.13	0.19	0.18	0.25	0.26	0.24	0.21	0.26	0.13
	11	0.28	0.30	0.29	0.31	0.32	0.30	0.30	0.32	0.28
3#	12	0.49	0.46	0.41	0.44	0.41	0.39	0.43	0.49	0.39
	13	0.39	0.23	0.20	0.19	0.21	0.22	0.24	0.39	0.19
	14	0.12	0.08	0.11	0.12	0.10	0.11	0.11	0.12	0.08
	15	0.09	0.09	0.11	0.11	0.12	0.11	0.10	0.12	0.09
	16	0.11	0.10	0.08	0.10	0.08	0.12	0.10	0.12	0.08
	17	0.10	0.08	0.10	0.11	0.12	0.16	0.11	0.16	0.08
	18	0.17	0.15	0.24	0.25	0.21	0.23	0.21	0.25	0.15
	19	0.41	0.37	0.32	0.39	0.35	0.34	0.36	0.41	0.32
4#	20	0.35	0.29	0.31	0.33	0.32	0.31	0.32	0.35	0.29
	21	0.21	0.22	0.23	0.23	0.24	0.25	0.23	0.25	0.21
	22	0.12	0.13	0.15	0.15	0.14	0.15	0.14	0.15	0.12
	23	0.14	0.12	0.07	0.07	0.08	0.08	0.09	0.14	0.07
	24	0.26	0.13	0.13	0.14	0.13	0.12	0.15	0.26	0.12
	25	0.17	0.11	0.09	0.09	0.11	0.11	0.11	0.17	0.09
	26	0.26	0.23	0.26	0.24	0.17	0.18	0.22	0.26	0.17
	27	0.52	0.49	0.45	0.44	0.43	0.41	0.46	0.52	0.41

续表 15-21

断面编号	测点编号	测点距池底的距离						平均值	最大值	最小值
		0.05 m	0.20 m	0.35 m	0.50 m	0.65 m	0.80 m			
5#	28	0.40	0.37	0.35	0.33	0.31	0.35	0.35	0.40	0.31
	29	0.26	0.26	0.23	0.22	0.21	0.23	0.23	0.26	0.21
	30	0.17	0.14	0.12	0.10	0.11	0.13	0.13	0.17	0.10
	31	0.11	0.08	0.08	0.07	0.07	0.08	0.08	0.11	0.07
	32	0.13	0.10	0.10	0.09	0.10	0.09	0.10	0.13	0.09
	33	0.18	0.17	0.17	0.16	0.16	0.16	0.17	0.18	0.16
	34	0.24	0.21	0.22	0.20	0.22	0.23	0.22	0.24	0.20
	35	0.29	0.28	0.28	0.28	0.28	0.30	0.29	0.30	0.28

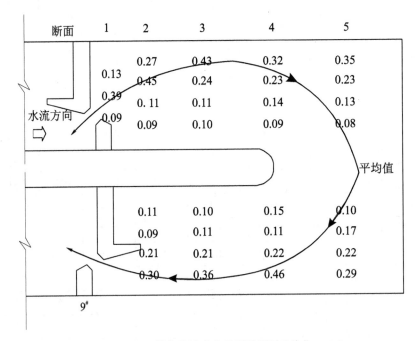

图 15-28　180°休息池池室各处平均流速(单位:m/s)

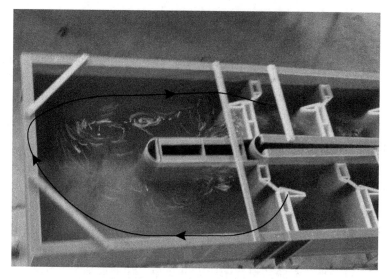

图 15-29   180°弯道休息池水流流态

15.1.7   成果分析

通过三维紊流数学模型推荐电站鱼道隔板型式、底坡坡度、180°弯道休息池布置,建立某工程鱼道局部水力学物理模型,对鱼道一般池室和180°弯道休息池的流速流态特性进行验证,并得出以下分析结论:

(1)通过鱼道三维紊流数学模型分析,对比 H 型和 L 型池室水流流速、流态可知,三维紊流数学模型推荐采用的 L 型隔板型式下,JH 一级电站鱼道池室内主流流向变化较为平顺,主流无明显的扭曲,水池内流态平稳,推荐 L 型隔板型式。

(2)针对鱼道建立了底坡坡度为 1:45、1:35 和 1:30 的 3 个数学模型,流场分析显示,1:35 底坡时,池室内测点流速多数在 1.2 m/s 以下,最大合速度 v 平均值为 1.15 m/s,说明本工况能够满足 1.2 m/s 的设计流速要求,建议鱼道底坡采用 1:35。

(3)根据局部物理模型结果,三维紊流数学模型推荐采用的鱼道底坡、隔板竖缝、水池尺度等主要参数是合理的,能够满足设计要求。

(4)根据鱼道局部模型试验,推荐方案下鱼道竖缝出口附近最大流速约为 1.02 m/s,满足鱼道设计流速不大于 1.2 m/s 的要求,沿程隔板过鱼竖缝最大流速平均值无明显增大或减小现象。池室内主流流速在 0.37~0.63 m/s,有利于目标鱼类沿着主流上溯洄游。

(5)局部物理模型测量的鱼道竖缝流速平均值和流速最大值比三维数值模拟结果分别小 8.4% 和 8.9%。鱼道局部物理模型测得鱼道流量为 0.20 m³/s,比三维数值模拟流量计算值 0.213 m³/s 略小约 6.1%。考虑到鱼道局部物理池室底部及池室边壁相对糙率略大于原型池室及三维数学模型,因此可认为局部物理模型和三维数学模型两种方法实测值基本一致,采用 FLOW-3D 软件可以对鱼道局部水力学条件进行精准模拟。

15.2 湘河水利枢纽工程鱼道局部模型试验研究

15.2.1 工程概况

湘河水利枢纽及配套灌区工程位于西藏日喀则地区南木林县境内的雅鲁藏布江左岸一级支流湘河中下游段,距日喀则市约91 km,距拉萨市约323 km。是一座以灌溉、供水、改善保护区生态环境为主,兼顾发电、生态等综合利用的大(2)型水利枢纽工程。水库总库容 $1.134×10^8$ m³,电站装机容量40 MW,枢纽由大坝、溢洪道、泄洪洞、引水系统、发电厂房等组成。配套灌区设计引水流量11.72 m³/s,加大引用流量14.66 m³/s,灌区土地面积32.07万亩,设计灌溉面积12.49万亩。

湘河水利枢纽水库总库容 1.134 亿 m³,坝高 51.0 m,水头较高。高水头过鱼一直都是世界性难题。可行性研究阶段根据中华人民共和国环境保护部关于《西藏自治区湘河水利枢纽及配套灌区工程》审查意见,过鱼建筑物采用鱼道。

本研究通过建立大比尺(1:2)局部水工模型以及高精度三维紊流数学模型,对鱼道池室内部(包括休息池)的整体水流流态、水流流速、局部水流现象等进行精细模拟和研究,优化确定鱼道隔板的型式、竖缝(过鱼孔)宽度、底坡、鱼道正常水深等参数,为枢纽过鱼设施的整体设计、建设提供数据支撑和技术参考。

15.2.2 鱼道设计方案

鱼道的进口设计至关重要,进口能否为鱼类较快发觉和顺利进入,直接影响过鱼的效果。以枢纽工程正常运行工况下的坝下水位分析,在 4 053.1～4 054.1 m 之间变化,变幅约为 1 m,水库泄洪时不进行过鱼。考虑鱼道内水深为 1.2 m,进鱼口底板高程拟设置2个,为 4 051.9 和 4 052.9 m,分别布置于右岸靠近生态流量泄放管下游约 30 m 和 70 m 处。

由于鱼道内流量小于 0.3 m³/s,水量不大,水流对于过坝鱼类的吸引能力较小,拟从拉岗干渠设置 2 根补水管,设置鱼道内补水管和阀门,根据需要开启放流,补给鱼道内的流量,并在鱼道进口前形成偏爱流速,吸引鱼类进入。

工程过鱼对象主要为裂腹鱼和鳅科鱼类,主要为中下层和底栖鱼类,因此池室结构采用竖缝式。竖缝式池室由一系列相连的水池组成,相连的水池之间的隔壁上有一条垂直的竖缝,通过沿程摩阻、水流对冲及扩散来消能,达到改善流态和降低过鱼竖缝流速的目的。根据鱼道内部构筑物的功能区别,可分为标准池室、休息池两部分。

鱼道流速的设计原则是:鱼道内流速小于鱼类的巡航速度,这样鱼类可以保持在鱼道中前进;竖缝流速小于鱼类的突进速度,这样鱼类才能够通过鱼道中的孔或缝。根据国内外已有鱼道的设计经验,本工程鱼道设计竖缝最大流速范围为 0.8～1.5 m/s,考虑鱼道流速应能使鱼类较易上溯,设计竖缝流速控制在 1.0 m/s。

考虑鱼道流速应能使鱼类较易上溯,根据类似游泳能力试验,在鱼道设计中将鱼道内平均流速控制在 0.3 m/s,竖缝内设计流速为 1.00～1.20 m/s,按流速 1.0 m/s 控制,根据计算得标准池室纵坡度为2.5%。研究区域鱼类游泳能力见表15-22。

表15-22   研究区域鱼类游泳能力表

鱼名	测试水温 （℃）	体长范围 （m）	平均感应流速 （m/s）	平均临界游速 （m/s）	平均突进游速 （m/s）
异齿裂腹鱼	4.7~5.4	0.26~0.41	0.10	0.98	1.27
拉萨裂腹鱼	4.2~5.1	0.18~0.44	0.12	0.95	1.17
双须叶须鱼	5.8~6.5	0.19~0.34	0.07	0.80	1.14
拉萨裸裂尻鱼	6.5~7.5	0.16~0.29	0.07	0.74	1.22

根据主要过鱼对象的规格，过鱼孔口的高度和宽度最小不应小于过鱼最大体长1/2，因此，竖缝宽度为0.3 m，竖缝缝口方向宜与隔板呈45°夹角。根据过鱼对象习性，并结合本工程特性，综合考虑本工程选定净水深1.2 m。池室净宽尺寸越大，每级槽内的平均流速就越小，利于鱼类的中间休息；但是净宽尺寸过大，槽内的流速太小，对鱼类的引导作用也将相应减弱，参照国内多数鱼道设计，本工程鱼道净宽取2.0 m。池室隔墙厚度为0.20 m，高2.0 m。根据鱼对象的规格，综合考虑每级标准池长4.0 m。

由于进口部分采用连续"绕弯"方式布置，池室部分会出现180°转弯。根据这一特点，在转弯处选用矩形转弯结构，可利用水流黏滞性，在休息池处消能作用明显，因此整体流速也相对较小，更利于鱼类洄游。槽底部进行加糙处理，铺以鹅卵石或砾石块，石块粒径10~30 cm。另一方面，也对池底进行一定的加糙，对槽内流速有一定降低。

根据国内工程经验，休息池坡度为1.0%，每隔10个标准池室设一个休息池，休息长度取5.0 m。枢纽布置及鱼道隔板布置如图15-30、图15-31所示。

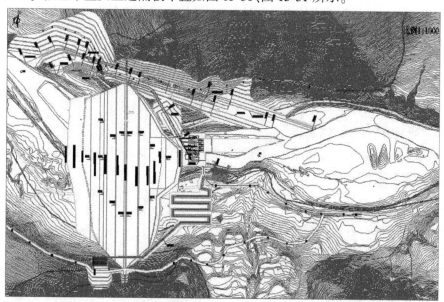

图15-30　湘河水利枢纽及配套灌区工程上坝线平面布置图

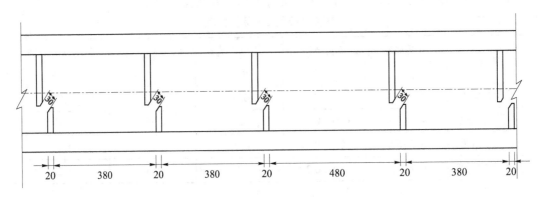

图 15-31　鱼道隔板布置图(单位:mm)

15.2.3　研究内容与技术线路

15.2.3.1　主要研究内容

鱼道局部水力学模型试验就是进行不同隔板型式、布置方式的方案比较,使鱼道中水流条件满足流速、流态的要求,同时局部模型试验亦可验证初设中所定每块隔板水头差等参数是否能满足设计要求。本工程鱼道局部模型试验研究的主要内容如下:

(1)针对设计拟采用的鱼道隔板型式,进行各种优化布置试验,以求在满足鱼道设计流速的要求下,鱼道隔板之间有较好的流态,适合于主要过鱼对象的顺利上溯,并具有良好的休息条件。

(2)观察各隔板之间的水流流态和局部水流现象,避免不利于过鱼的水力条件。

(3)测量竖缝处和鱼道水池内的流速分布、鱼道内的水面线和相邻隔板间的水头降落等。

(4)优化确定鱼道的宽度、隔板间距、底坡、鱼道正常水深及每块隔板上下游水位差等。

(5)确定鱼道局部体型,为鱼道整体模型开展提供基础参数。

15.2.3.2　研究方法与技术线路

研究通过采用物理模型试验、数值模拟和理论分析计算相结合的综合技术手段开展。

1.理论分析计算

根据现场实际情况和建设条件、过鱼种类和习性,对现鱼道布置进行进一步的理论分析,协同设计相关部门优化鱼道设计参数及相关布置。

2.三维紊流数学模型

建立鱼道局部三维紊流数学模型;对两种已在我国鱼道建设中采用的典型隔板型式的水流条件开展数值模拟,进行对比研究,分析鱼道池室的流速、流态,消能效果和消能工尺寸的合理性,获取较优的隔板布置型式及底坡坡度。

3.大比尺(1:2)局部水力学试验

根据数值模拟结果推荐的隔板型式,针对枢纽鱼道建立大比尺(1:2)水工物理模型,开展不同布置方案的试验研究;分析各隔板之间的水流流态和局部水流现象,优化确定鱼道的结构及运行参数。

15.2.4 原设计方案物理模型研究成果

15.2.4.1 模型设计

根据试验研究内容及模型相似性,综合试验场地及供水条件,确定模型为正态模型,几何比尺为 $\alpha_l = \alpha_h = 2$。水流运动主要作用力是重力,因此模型按重力相似准则设计,保持原型、模型佛汝德数相等。根据重力相似准则,相应的流量比尺、流速比尺、糙率比尺和时间比尺如下:

流量比尺:$\alpha_Q = \alpha_l^{5/2} = 5.656$;

流速比尺:$\alpha_v = \alpha_l^{1/2} = 1.414$;

糙率比尺:$\alpha_n = \alpha_l^{1/6} = 1.122$;

时间比尺:$\alpha_t = \alpha_l^{1/2} = 1.414$。

局部模型选取鱼道进口转折盘升段 14 个池室,包括 11 个标准池室、2 个过渡池室和一个转弯段休息室。模型布置如图 15-32~图 15-24 所示。

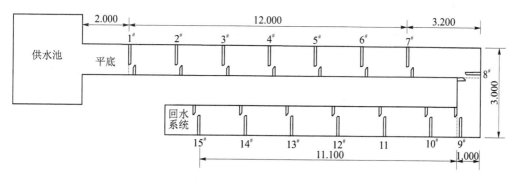

图 15-32 模型布置图(单位:m)

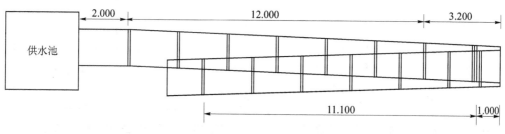

图 15-33 模型立面图(单位:m)

图 15-34　模型实物图

15.2.4.2　竖缝流速

　　试验对 3#~13#隔板过鱼竖缝的流速进行了测量,将过鱼竖缝流速测点布置在竖缝中线,考虑到隔板竖缝内最大流速的重要性,采用旋浆流速仪对隔板竖缝的不同高程的最大流速进行了测量,每个隔板竖缝从下到上分别测量 6 个测点位置,测点平面和立面位置图如图 15-35、图 15-36 所示。试验结果见表 15-23。

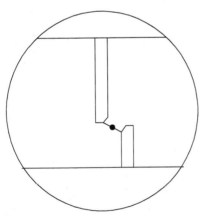

图 15-35　隔板过鱼竖缝流速测点布置
平面图

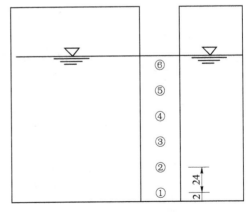

图 15-36　隔板过鱼缝流速测点布置
立面图(单位:cm)

隔板编号	测点距池底的距离						统计值		
	0.02 m	0.26 m	0.50 m	0.74 m	0.98 m	1.20 m	平均值	最大值	最小值
3#	1.02	1.07	0.95	1.00	0.97	1.11	1.02	1.11	0.95
4#	1.13	1.00	0.95	1.20	1.17	1.07	1.09	1.20	0.95
5#	1.13	1.23	1.15	1.05	1.05	0.82	1.07	1.23	0.82
6#	1.18	1.24	1.02	1.13	1.15	0.86	1.10	1.24	0.86
7#	1.12	0.98	1.11	0.97	1.10	0.90	1.03	1.12	0.90
8#	0.59	0.90	0.76	0.78	0.75	0.87	0.78	0.90	0.59
9#	1.22	1.19	1.02	1.03	0.87	1.17	1.08	1.22	0.87
10#	1.17	1.02	1.17	1.11	1.23	1.17	1.14	1.23	1.02
11#	0.71	0.89	0.72	0.89	1.04	1.04	0.88	1.04	0.71
12#	1.02	1.05	1.06	1.14	1.03	0.93	1.04	1.14	0.93
13#	1.01	0.85	0.95	0.92	1.07	1.12	0.99	1.12	0.85
平均	1.03	1.04	0.99	1.02	1.04	1.01	1.02	—	—
最大	1.22	1.24	1.17	1.20	1.23	1.17	—	1.24	—
最小	0.59	0.85	0.72	0.78	0.75	0.82	—	—	0.59

表 15-23 隔板过鱼竖缝各测点流速 单位:m/s

由表 15-23 可见,旋浆流速仪测量的鱼道各级隔板竖缝处最大流速为 1.24 m/s,隔板竖缝处沿水深流速平均值为 1.02 m/s,均大于竖缝设计控制流速,流速最大值出现在 10# 隔板。图 15-37 列出了 4#、7#、9#、12# 隔板竖缝中线处垂向流速变化图,从图 15-37 中可见,隔板竖缝垂向流速沿水深变化不大。图 15-38 列出了各级隔板竖缝处流速的最大值、平均值和最小值,从图 15-38 可见,各隔板处流速,除 8# 隔板外(处于非标准池和休息池之间),流速变化不大,竖缝内流速值沿程变化较小。

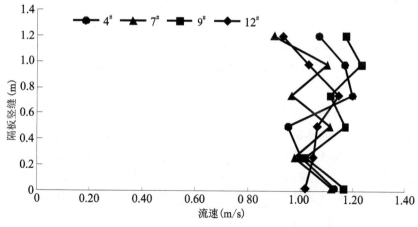

图 15-37 4#、7#、9#、12#池室隔板竖缝处流速

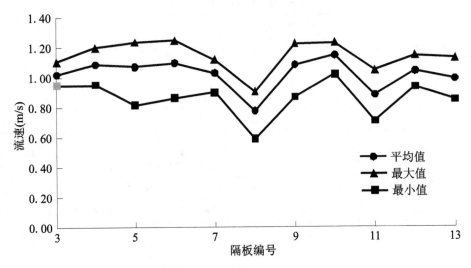

图 15-38　池室隔板竖缝处流速(流速:m/s)

15.2.4.2　标准池室内水力特性

　　为分析标准池室内水流的分布,采用旋桨流速仪测量了一个标准池室不同水深处的流场分布情况,标准池室内测量 7 个断面,各断面测点位置如图 15-39 所示。

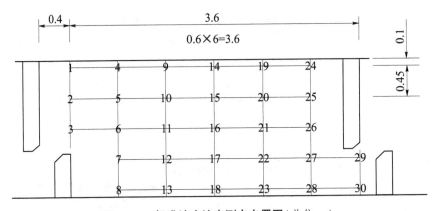

图 15-39　标准池室流态测点布置图(单位:m)

　　标准池室内流速分布见表 15-24,标准池室内流态如图 15-40 所示。经过试验观测,鱼道标准池室内水流流向明确,主流顺畅,主流经过过鱼孔后流向鱼池左侧,冲击左侧边壁。受左侧边墙与隔板的影响产生回流,沿墩头绕至下一道过鱼孔,隔板墩头迎水面为直角,绕流现象明显。在鱼池两侧存在小范围回流区,无漩涡、水跃等流态产生,表底流态、流向基本一致。池室内的紊流降低了流速,池室内流速在 0.11~0.96 m/s。

| 表 15-24 | | | 标准池室内流速 | | | | | 单位:m/s | |

测点编号	测点距池底的距离						统计值		
	0.02 m	0.26 m	0.50 m	0.74 m	0.98 m	1.20 m	平均值	最大值	最小值
1	0.22	0.17	0.16	0.15	0.24	0.24	0.20	0.24	0.15
2	0.32	0.31	0.20	0.16	0.29	0.49	0.29	0.49	0.16
3	1.06	0.90	1.01	1.08	1.06	0.67	0.96	1.08	0.67
4	0.23	0.36	0.30	0.34	0.40	0.32	0.32	0.40	0.23
5	0.75	0.62	0.61	0.64	0.56	0.45	0.61	0.75	0.45
6	0.13	0.15	0.17	0.21	0.14	0.26	0.18	0.26	0.13
7	0.13	0.18	0.27	0.28	0.23	0.24	0.22	0.28	0.13
8	0.10	0.10	0.08	0.10	0.12	0.24	0.12	0.24	0.08
9	0.64	0.73	0.66	0.71	0.64	0.61	0.67	0.73	0.61
10	0.51	0.43	0.37	0.19	0.20	0.30	0.33	0.51	0.19
11	0.19	0.17	0.16	0.08	0.10	0.18	0.15	0.19	0.08
12	0.35	0.28	0.21	0.19	0.21	0.30	0.26	0.35	0.19
13	0.33	0.32	0.39	0.37	0.44	0.41	0.38	0.44	0.32
14	0.83	0.73	0.72	0.75	0.69	0.81	0.75	0.83	0.69
15	0.50	0.43	0.39	0.35	0.31	0.52	0.42	0.52	0.31
16	0.19	0.12	0.11	0.07	0.05	0.21	0.13	0.21	0.05
17	0.26	0.31	0.34	0.43	0.37	0.33	0.34	0.43	0.26
18	0.18	0.51	0.58	0.52	0.44	0.53	0.46	0.58	0.18
19	0.66	0.59	0.59	0.66	0.68	0.69	0.65	0.69	0.59
20	0.37	0.33	0.30	0.30	0.41	0.41	0.35	0.41	0.30
21	0.11	0.10	0.10	0.14	0.14	0.20	0.13	0.20	0.10
22	0.30	0.27	0.33	0.23	0.20	0.24	0.26	0.33	0.20
23	0.55	0.41	0.45	0.37	0.37	0.37	0.42	0.55	0.37
24	0.27	0.13	0.37	0.16	0.11	0.31	0.22	0.37	0.11
25	0.18	0.25	0.30	0.27	0.23	0.38	0.27	0.38	0.18
26	0.18	0.21	0.16	0.11	0.20	0.25	0.19	0.25	0.11
27	0.31	0.18	0.25	0.31	0.27	0.31	0.27	0.31	0.18
28	0.11	0.11	0.11	0.11	0.08	0.14	0.11	0.14	0.08
29	0.86	0.89	0.35	0.72	0.88	0.86	0.76	0.89	0.35
30	0.13	0.09	0.10	0.22	0.16	0.10	0.13	0.22	0.09

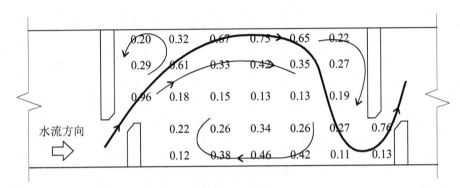

图 15-40 标准池室流态分布图(单位:m/s)

15.2.4.3 180°转弯池室内水力特性

为分析 180°转弯休息池室内水流的分布,试验测量了一个 180°转弯池室不同水深处的流场分布情况,转弯池室内测量 7 个断面,各断面测点位置如图 15-41 所示。

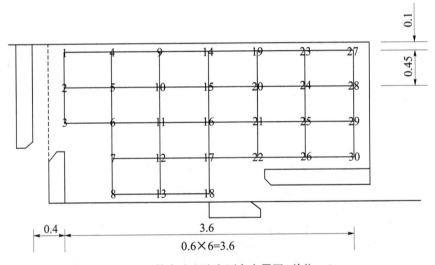

图 15-41 转弯池室流态测点布置图(单位:m)

转弯休息池室内流速分布见表 15-25,转弯休息池室内流态如图 15-42 所示。经过试验观测,鱼道转弯休息池室内水流较标准池室平稳,主流亦经过过鱼孔后流向鱼池左侧,冲击左侧边壁。受左侧边墙与隔板的影响产生回流,沿墩头绕至下一道过鱼孔,隔板墩头迎水面为直角,绕流现象明显。在鱼池两侧存在回流区,无漩涡、水跃等流态产生,池室内流速在 0.11~0.76 m/s。

表 15-25						转弯休息池室内流速		单位:m/s
隔板编号	测点距池底的距离					统计值		
	0.02 m	0.26 m	0.50 m	0.74 m	0.98 m	1.20 m		
						平均值	最大值	最小值
1	0.29	0.14	0.17	0.11	0.14	0.18	0.17	0.29	0.11
2	0.13	0.14	0.18	0.14	0.13	0.21	0.15	0.21	0.13
3	0.66	0.80	0.65	0.71	0.85	0.88	0.76	0.88	0.65
4	0.62	0.60	0.67	0.57	0.36	0.39	0.54	0.67	0.36
5	0.31	0.29	0.29	0.33	0.32	0.28	0.30	0.33	0.28
6	0.13	0.08	0.14	0.26	0.07	0.09	0.13	0.26	0.07
7	0.26	0.21	0.15	0.17	0.16	0.20	0.19	0.26	0.15
8	0.54	0.30	0.36	0.30	0.29	0.53	0.39	0.54	0.29
9	0.76	0.71	0.65	0.66	0.41	0.37	0.59	0.76	0.37
10	0.42	0.45	0.37	0.42	0.35	0.30	0.39	0.45	0.30
11	0.08	0.11	0.21	0.27	0.11	0.16	0.16	0.27	0.08
12	0.20	0.16	0.11	0.10	0.08	0.08	0.12	0.20	0.08
13	0.41	0.31	0.28	0.35	0.30	0.41	0.34	0.41	0.28
14	0.81	0.81	0.71	0.66	0.62	0.49	0.68	0.81	0.49
15	0.52	0.35	0.24	0.34	0.35	0.31	0.35	0.52	0.24
16	0.13	0.11	0.10	0.08	0.16	0.14	0.12	0.16	0.08
17	0.14	0.13	0.23	0.14	0.16	0.13	0.15	0.23	0.13
18	0.21	0.27	0.28	0.37	0.40	0.41	0.32	0.41	0.21
19	0.64	0.62	0.58	0.51	0.68	0.65	0.61	0.68	0.51
20	0.35	0.40	0.34	0.21	0.25	0.31	0.31	0.40	0.21
21	0.11	0.14	0.11	0.16	0.16	0.13	0.13	0.16	0.11
22	0.55	0.75	0.74	0.64	0.65	0.44	0.63	0.75	0.44
23	0.37	0.57	0.33	0.13	0.10	0.17	0.28	0.57	0.10
24	0.41	0.34	0.16	0.18	0.10	0.13	0.22	0.41	0.10
25	0.20	0.10	0.11	0.10	0.13	0.10	0.12	0.20	0.10
26	0.38	0.20	0.38	0.28	0.34	0.34	0.32	0.38	0.20
27	0.23	0.11	0.16	0.11	0.16	0.20	0.16	0.23	0.11
28	0.07	0.10	0.16	0.16	0.11	0.08	0.11	0.16	0.07
29	0.16	0.10	0.10	0.04	0.08	0.18	0.11	0.18	0.04
30	0.21	0.11	0.08	0.11	0.23	0.08	0.14	0.23	0.08

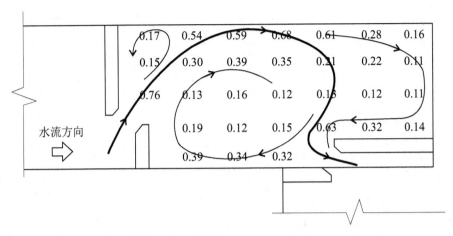

图 15-42 转弯休息池室流态分布图(单位:m/s)

15.2.4.4 小结

试验针对原设计方案对鱼道隔板竖缝流速、鱼道沿程水面线、标准池流态、转弯休息池流态等水力指标进行了细致量测,研究的主要结论如下:

(1)鱼道隔板竖缝处最大流速为 1.24 m/s,隔板竖缝处沿水深流速平均值为 1.02 m/s,均大于竖缝设计控制流速,竖缝内流速值沿程变化不大。

(2)鱼道标准池室内水流流向明确,主流顺畅,主流经过过鱼孔后流向鱼池左侧,冲击左侧边壁。受左侧边墙与隔板的影响产生回流,沿墩头绕至下一道过鱼孔,隔板墩头迎水面为直角,绕流现象明显。在鱼池两侧存在小范围回流区,无漩涡、水跃等流态产生,表底流态、流向基本一致。池室内的紊流降低了流速,池室内流速在 0.11~0.96 m/s。

(3)鱼道转弯休息池室内水流较平稳,主流亦经过过鱼孔后流向鱼池左侧,冲击左侧边壁。受左侧边墙与隔板的影响产生回流,沿墩头绕至下一道过鱼孔,隔板墩头迎水面为直角,绕流现象明显。池室内流速在 0.11~0.76 m/s。

原方案的设计限制流速偏低,鱼道设计的纵坡略大,标准池室的长宽比偏大;休息池前后相邻的两个非标准池池长差异较大,水流衔接不顺畅。隔板墩头迎水面为直角,绕流现象明显。建议优化如下:

(1)休息池前后相邻的两个非标准池水流衔接不顺畅,建议优化池室布置。

(2)竖缝处流速大于设计限制流速,标准池室的长宽比偏大,建议优化标准池室的尺寸。

(3)隔板墩头迎水面为直角,绕流现象明显,建议优化隔板和导板的型式、尺寸和布置。

15.2.5 优化方案物理模型研究成果

15.2.5.1 方案布置

根据原方案的试验成果,对原方案进行修改优化,主要修改如下:

（1）标准池长修改为 2.3 m，底坡仍为 2.5%，如图 15-43 所示。

（2）把转弯段全部布置成休息池，池长 6 m，底坡仍为 1%，如图 15-43 所示。

（3）修改导板和隔板的尺寸，如图 15-44 所示。

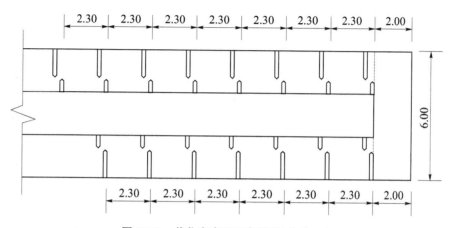

图 15-43　优化方案平面布置图（单位：m）

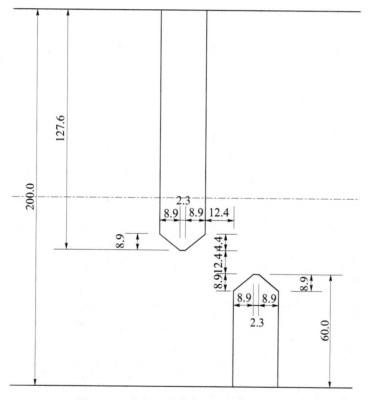

图 15-44　优化方案隔板尺寸图（单位：cm）

15.2.5.2 竖缝流速

过鱼竖缝流速测点位置,测点平面位置如图 15-45 所示,立面位置如图 15-46 所示。试验结果见表 15-26。

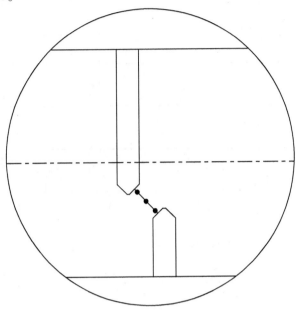

图 15-45　优化方案隔板过鱼竖缝流速测点布置平面图

表 15-26　　　　　　　　　　　　**优化方案过鱼竖缝各测点流速**　　　　　　　　　　　单位:m/s

断面编号	测点编号	测点距池底的距离						平均值	最大值	最小值
		0.02 m	0.26 m	0.50 m	0.74 m	0.98 m	1.20 m			
3#	左	0.700	0.375	0.349	0.400	0.625	0.322	0.462	0.700	0.322
	中	0.977	1.044	0.957	1.014	1.072	0.930	0.999	1.072	0.930
	右	0.827	1.042	0.950	0.904	0.904	0.813	0.907	1.042	0.813
4#	左	0.850	0.311	0.672	0.706	0.410	0.609	0.593	0.850	0.311
	中	1.011	0.882	0.812	0.788	0.926	0.833	0.875	1.011	0.788
	右	0.809	0.953	0.867	0.844	0.987	0.913	0.896	0.987	0.809
5#	左	0.239	0.260	0.252	0.332	0.318	0.191	0.265	0.332	0.191
	中	0.860	0.988	1.004	0.922	0.960	0.936	0.945	1.004	0.860
	右	0.769	0.963	0.909	0.889	0.807	0.781	0.853	0.963	0.769
6#	左	0.386	0.250	0.400	0.337	0.561	0.693	0.438	0.693	0.250
	中	0.833	0.912	0.923	0.892	0.878	0.875	0.886	0.923	0.833
	右	0.749	0.899	0.875	0.848	0.788	0.706	0.811	0.899	0.706

续表 15-26

断面编号	测点编号	测点距池底的距离						平均值	最大值	最小值
		0.02 m	0.26 m	0.50 m	0.74 m	0.98 m	1.20 m			
7#	左	0.382	0.404	0.465	0.208	0.591	0.315	0.394	0.591	0.208
	中	0.902	0.839	0.799	0.894	0.813	0.918	0.861	0.918	0.799
	右	0.679	0.912	0.847	0.810	0.814	0.727	0.798	0.912	0.679
8#	左	0.672	0.277	0.269	0.455	0.629	0.205	0.418	0.672	0.205
	中	0.744	0.631	0.718	0.915	0.922	0.987	0.819	0.987	0.631
	右	0.877	0.782	0.693	0.846	0.783	0.690	0.778	0.877	0.690
9#	左	0.448	0.266	0.407	0.441	0.836	0.925	0.554	0.925	0.266
	中	1.080	1.021	0.872	0.963	0.946	0.892	0.962	1.080	0.872
	右	0.962	1.022	1.062	1.077	1.000	1.031	1.026	1.077	0.962
10#	左	0.551	0.233	0.332	0.366	0.455	0.641	0.430	0.641	0.233
	中	1.038	0.984	0.877	0.860	0.872	0.800	0.905	1.038	0.800
	右	0.843	0.802	0.874	0.918	0.795	0.782	0.835	0.918	0.782
11#	左	0.608	0.337	0.315	0.144	0.270	0.475	0.358	0.608	0.144
	中	1.017	1.051	1.005	1.001	0.954	0.945	0.995	1.051	0.945
	右	0.741	0.922	0.888	0.875	0.877	0.710	0.835	0.922	0.710
12#	左	0.703	0.974	0.656	0.928	0.833	0.714	0.801	0.974	0.656
	中	1.031	0.921	0.850	0.887	0.860	0.747	0.882	1.031	0.747
	右	0.977	0.986	0.998	0.943	0.936	0.771	0.935	0.998	0.771
平均值		0.780	0.740	0.730	0.750	0.780	0.730	0.750	—	—
最大值		1.080	1.050	1.060	1.080	1.070	1.030	—	1.080	—
最小值		0.240	0.230	0.250	0.140	0.270	0.190	—	—	0.140

由表 15-26 可见,旋桨流速仪测量的鱼道隔板竖缝处最大流速为 1.08 m/s,隔板竖缝处沿水深流速平均值为 0.75 m/s,小于竖缝设计控制流速,流速最大值出现在 9# 隔板。隔板 4#、7#、9#、12# 竖缝处流速如图 15-46 所示。各隔板竖缝处流速如图 15-47 所示。

从表 15-26 和图 15-46 可见,竖缝内流速沿水深变化不大,流速在池内水深大于 0.7 m 后更趋于一致。

从表 15-26 和图 15-47 可见,5#~12# 隔板竖缝沿程最大流速为 0.92~1.08 m/s,基本满足竖缝设计控制流速的要求。除 8#、9# 竖缝位于标准池室和转弯休息池的过渡位置,流速略有变化外,沿程各隔板流速变化不大。说明鱼道底坡和过鱼竖缝尺寸选取合理。

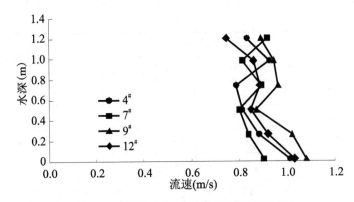

图 15-46　4#、7#、9#、12# 池室隔板竖缝处流速

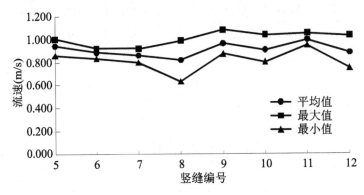

图 15-47　隔板竖缝处流速(单位:m/s)

15.2.5.3　标准池室内水力特性

为分析标准池室内水流的分布,采用旋桨流速仪测量了一个标准池室不同水深处的流场分布情况,标准池室内测量 8 个断面,各断面测点位置如图 15-48 所示。

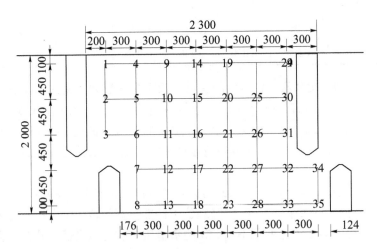

图 15-48　标准池室流态测点布置图(单位:mm)

根据测量结果,标准池室内流速分布统计见表15-27。

表 15-27　　　　　　　　　　　　　标准池室内流速　　　　　　　　　　单位:m/s

点位编号	测点距池底的距离						统计值		
	0.02 m	0.26 m	0.50 m	0.74 m	0.98 m	1.20 m	平均值	最大值	最小值
1	0.140	0.113	0.088	0.113	0.076	0.113	0.107	0.140	0.076
2	0.105	0.126	0.099	0.141	0.088	0.064	0.104	0.141	0.064
3	0.246	0.167	0.132	0.110	0.116	0.136	0.151	0.246	0.110
4	0.256	0.211	0.163	0.136	0.205	0.151	0.187	0.256	0.136
5	0.164	0.119	0.160	0.117	0.144	0.120	0.137	0.164	0.117
6	0.230	0.320	0.387	0.501	0.532	0.706	0.446	0.706	0.230
7	0.083	0.116	0.127	0.105	0.093	0.103	0.105	0.127	0.083
8	0.154	0.090	0.074	0.082	0.082	0.221	0.117	0.221	0.074
9	0.168	0.352	0.212	0.157	0.201	0.413	0.251	0.413	0.157
10	0.215	0.230	0.143	0.163	0.161	0.187	0.183	0.230	0.143
11	0.748	0.588	0.740	0.793	0.882	1.003	0.792	1.003	0.588
12	0.310	0.144	0.164	0.239	0.130	0.134	0.187	0.310	0.130
13	0.232	0.317	0.245	0.301	0.259	0.284	0.273	0.317	0.232
14	0.304	0.240	0.246	0.212	0.202	0.223	0.238	0.304	0.202
15	0.296	0.168	0.163	0.249	0.296	0.311	0.247	0.311	0.163
16	0.641	0.501	0.662	0.737	0.703	0.870	0.685	0.870	0.501
17	0.187	0.151	0.137	0.119	0.161	0.216	0.162	0.216	0.119
18	0.363	0.376	0.354	0.420	0.454	0.366	0.389	0.454	0.354
19	0.416	0.407	0.338	0.308	0.146	0.428	0.341	0.428	0.146
20	0.168	0.204	0.198	0.191	0.209	0.400	0.228	0.400	0.168
21	0.496	0.510	0.628	0.715	0.550	0.669	0.595	0.715	0.496
22	0.112	0.107	0.123	0.105	0.157	0.197	0.133	0.197	0.105
23	0.363	0.366	0.373	0.346	0.387	0.410	0.374	0.410	0.346
24	0.410	0.223	0.246	0.378	0.215	0.283	0.292	0.410	0.215
25	0.205	0.197	0.236	0.303	0.219	0.376	0.256	0.376	0.197
26	0.402	0.378	0.543	0.443	0.567	0.643	0.496	0.643	0.378
27	0.438	0.363	0.305	0.294	0.294	0.320	0.336	0.438	0.294
28	0.404	0.312	0.373	0.312	0.368	0.373	0.357	0.404	0.312
29	0.189	0.184	0.199	0.171	0.119	0.153	0.169	0.199	0.119

续表 15-27

点位编号	测点距池底的距离						统计值		
	0.02 m	0.26 m	0.50 m	0.74 m	0.98 m	1.20 m	平均值	最大值	最小值
30	0.212	0.180	0.245	0.216	0.181	0.274	0.218	0.274	0.180
31	0.334	0.308	0.341	0.290	0.385	0.395	0.342	0.395	0.290
32	0.499	0.508	0.570	0.389	0.574	0.618	0.526	0.618	0.389
33	0.181	0.153	0.109	0.139	0.204	0.225	0.168	0.225	0.109
34	0.441	0.673	0.659	0.687	0.515	0.691	0.611	0.691	0.441
35	0.175	0.154	0.082	0.119	0.115	0.120	0.127	0.175	0.082

标准池室内的流态如图 15-49 所示,经过试验观测,主流经过过鱼孔后流向鱼池左侧,受下一隔板的影响,沿墩头绕至过鱼竖缝,隔板墩头迎水面改为斜角后,绕流现象显著改善。在主流区之外的鱼池两侧,存在小范围回流区,无漩涡、水跃等流态产生,表底流态、流向基本一致。该方案鱼道标准池室内水流流向明确,主流顺畅,无明显扭曲,水流主流在池室内呈相对较缓的"S"形流线,有利于目标鱼类沿主流上溯洄游,竖缝表面水流流向较为明确,无明显水位跌落,竖缝出口附近的流速约为 0.61 m/s,主流区域流速为0.45~0.79 m/s,范围变化不大,利于鱼类持续上溯洄游。

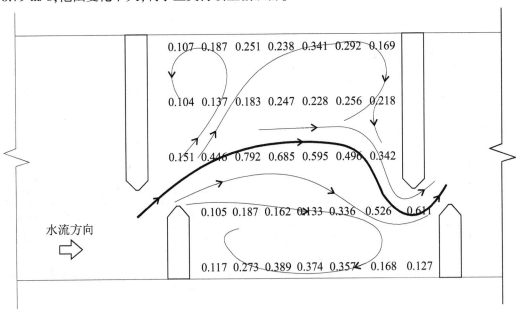

图 15-49　标准池室流态分布图(单位:m/s)

15.2.5.4　180°转弯池室内水力特性

为分析 180°转弯休息池室内水流的分布,试验测量池室不同水深处的流场分布情况,转弯池室内测量 11 个断面,各断面测点位置如图 15-50 所示。

根据测量结果,转弯休息池室内流速分布见表 15-28。

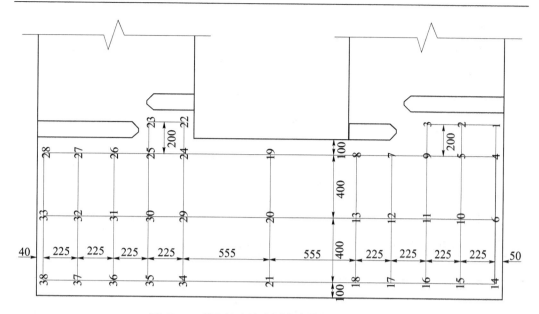

图 15-50 转弯池室流态测点布置图（单位：mm）

表 15-28   **转弯休息池室内流速**   单位：m/s

点位编号	测点距池底的距离						统计值		
	0.02 m	0.26 m	0.50 m	0.74 m	0.98 m	1.20 m	平均值	最大值	最小值
1	0.174	0.165	0.098	0.139	0.071	0.173	0.136	0.174	0.071
2	0.204	0.199	0.137	0.187	0.109	0.146	0.164	0.204	0.109
3	0.180	0.106	0.120	0.205	0.165	0.146	0.154	0.205	0.106
4	0.279	0.173	0.209	0.161	0.175	0.187	0.197	0.279	0.161
5	0.174	0.269	0.180	0.168	0.205	0.137	0.189	0.269	0.137
6	0.789	0.389	0.469	0.614	0.714	0.752	0.621	0.789	0.389
7	0.127	0.141	0.124	0.165	0.143	0.184	0.148	0.184	0.124
8	0.174	0.246	0.187	0.208	0.208	0.256	0.213	0.256	0.174
9	0.382	0.205	0.271	0.264	0.280	0.250	0.275	0.382	0.205
10	0.395	0.260	0.247	0.314	0.281	0.649	0.358	0.649	0.247
11	0.178	0.308	0.420	0.632	0.670	0.612	0.470	0.670	0.178
12	0.370	0.296	0.245	0.122	0.081	0.109	0.204	0.370	0.081
13	0.228	0.161	0.109	0.148	0.103	0.106	0.143	0.228	0.103
14	0.154	0.171	0.170	0.230	0.191	0.133	0.175	0.230	0.133
15	0.311	0.137	0.262	0.140	0.247	0.214	0.218	0.311	0.137

续表 15-28

点位编号	测点距池底的距离						统计值		
	0.02 m	0.26 m	0.50 m	0.74 m	0.98 m	1.20 m	平均值	最大值	最小值
16	0.218	0.452	0.271	0.216	0.273	0.348	0.296	0.452	0.216
17	0.226	0.518	0.324	0.366	0.428	0.440	0.384	0.518	0.226
18	0.551	0.615	0.617	0.563	0.655	0.645	0.608	0.655	0.551
19	0.411	0.410	0.392	0.366	0.457	0.452	0.415	0.457	0.366
20	0.119	0.167	0.100	0.137	0.160	0.095	0.130	0.167	0.095
21	0.607	0.584	0.464	0.561	0.577	0.696	0.581	0.696	0.464
22	0.180	0.105	0.157	0.174	0.115	0.143	0.145	0.180	0.105
23	0.396	0.346	0.560	0.366	0.482	0.468	0.436	0.560	0.346
24	0.290	0.168	0.177	0.160	0.140	0.185	0.187	0.290	0.140
25	0.229	0.253	0.218	0.175	0.173	0.229	0.213	0.253	0.173
26	0.448	0.420	0.185	0.202	0.273	0.246	0.296	0.448	0.185
27	0.327	0.230	0.132	0.132	0.109	0.187	0.186	0.327	0.109
28	0.115	0.132	0.175	0.158	0.164	0.262	0.168	0.262	0.115
29	0.171	0.119	0.126	0.157	0.181	0.187	0.157	0.187	0.119
30	0.235	0.150	0.107	0.163	0.170	0.280	0.184	0.280	0.107
31	0.136	0.184	0.182	0.277	0.182	0.197	0.193	0.277	0.136
32	0.259	0.184	0.225	0.247	0.243	0.320	0.246	0.320	0.184
33	0.126	0.122	0.270	0.209	0.279	0.287	0.215	0.287	0.122
34	0.420	0.396	0.359	0.584	0.635	0.505	0.483	0.635	0.359
35	0.264	0.317	0.437	0.419	0.478	0.465	0.397	0.478	0.264
36	0.133	0.130	0.020	0.267	0.498	0.537	0.264	0.537	0.020
37	0.188	0.132	0.215	0.105	0.212	0.334	0.197	0.334	0.105
38	0.249	0.066	0.127	0.083	0.181	0.187	0.149	0.249	0.066

　　转弯休息池室内流态如图 15-51,经过试验观测,主流经过过鱼孔后流向鱼池左侧,受边壁的影响折向下游,沿墩头绕至过鱼竖缝,隔板墩头迎水面改为斜角后,绕流现象显著改善。在主流区之外的休息池边角处,存在小范围回流区,无漩涡、水跃等流态产生,表底流态、流向基本一致。该方案中转角休息池室内水流流向明确,主流顺畅,无明显扭曲,水流主流在池室内呈相对较缓的"C"形流线,主流区域流速为 0.25~0.62 m/s,其他大部分区域流速低于 0.2 m/s,有利于鱼类上溯过程中暂时休息,恢复体力。同时试验观测到休息池内左侧有部分水流贴壁流动,可能会对鱼类上溯产生一定的影响。

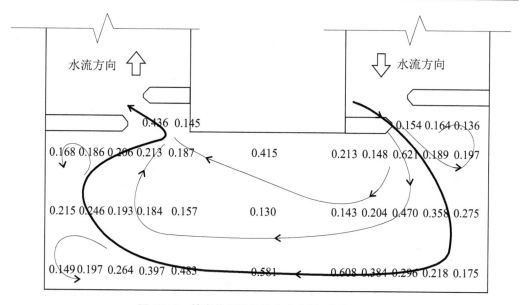

图 15-51　转弯休息池室流态分布图(单位:m/s)

15.2.5.5　180°转弯池室流场改进研究

为改善 180°转弯休息池室内部分主流贴壁现象,研究在 180°转弯休息池室内设置整流导板来改善水流流态,经过多个方案比选试验,得出较为合理的参数值,整流导板的布置位置及型式如图 15-52 所示。

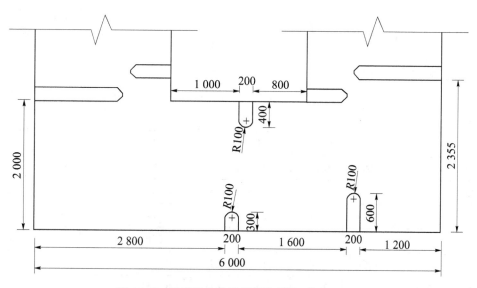

图 15-52　转弯池室整流导板布置图(单位:mm)

根据测量结果,转弯休息池室内流速分布见表 15-29。

表 15-29			转弯休息池室内流速					单位:m/s	
点位编号	测点距池底的距离						统计值		
	0.02 m	0.26 m	0.50 m	0.74 m	0.98 m	1.20 m	平均值	最大值	最小值
1	0.082	0.148	0.093	0.144	0.099	0.127	0.116	0.148	0.082
2	0.098	0.119	0.132	0.150	0.212	0.226	0.156	0.226	0.098
3	0.499	0.297	0.116	0.083	0.198	0.141	0.223	0.499	0.083
4	0.140	0.158	0.158	0.199	0.141	0.212	0.168	0.212	0.140
5	0.129	0.086	0.264	0.235	0.141	0.156	0.169	0.264	0.086
6	0.830	0.535	0.496	0.631	0.156	0.269	0.486	0.830	0.156
7	0.099	0.283	0.764	0.495	0.679	0.919	0.540	0.919	0.099
8	0.085	0.212	0.212	0.297	0.297	0.269	0.229	0.297	0.085
9	0.314	0.304	0.423	0.304	0.156	0.156	0.276	0.423	0.156
10	0.280	0.165	0.161	0.141	0.184	0.325	0.210	0.325	0.141
11	0.701	0.465	0.349	0.303	0.283	0.481	0.430	0.701	0.283
12	0.537	0.495	0.594	0.509	0.636	0.820	0.599	0.820	0.495
13	0.184	0.226	0.198	0.141	0.170	0.240	0.193	0.240	0.141
14	0.171	0.197	0.290	0.304	0.156	0.240	0.226	0.304	0.156
15	0.252	0.240	0.232	0.255	0.141	0.141	0.210	0.255	0.141
16	0.431	0.263	0.249	0.177	0.141	0.325	0.264	0.431	0.141
17	0.212	0.354	0.339	0.269	0.226	0.212	0.269	0.354	0.212
18	0.255	0.424	0.368	0.523	0.368	0.325	0.377	0.523	0.255
19	0.057	0.113	0.198	0.184	0.127	0.071	0.125	0.198	0.057
20	0.297	0.311	0.325	0.170	0.297	0.240	0.273	0.325	0.170
21	0.354	0.438	0.354	0.240	0.325	0.410	0.354	0.438	0.240
22	0.076	0.095	0.151	0.093	0.141	0.184	0.124	0.184	0.076
23	0.617	0.598	0.629	0.690	0.608	0.693	0.639	0.693	0.598
24	0.339	0.311	0.283	0.226	0.311	0.184	0.276	0.339	0.184
25	0.270	0.262	0.263	0.301	0.226	0.255	0.263	0.301	0.226
26	0.226	0.184	0.141	0.170	0.226	0.212	0.193	0.226	0.141
27	0.156	0.113	0.141	0.198	0.184	0.226	0.170	0.226	0.113
28	0.099	0.141	0.127	0.127	0.141	0.170	0.134	0.170	0.099
29	0.212	0.269	0.240	0.226	0.339	0.240	0.255	0.339	0.212

续表 15-29

点位编号	测点距池底的距离						统计值		
	0.02 m	0.26 m	0.50 m	0.74 m	0.98 m	1.20 m	平均值	最大值	最小值
30	0.079	0.081	0.037	0.051	0.042	0.071	0.060	0.081	0.037
31	0.057	0.071	0.042	0.057	0.057	0.071	0.059	0.071	0.042
32	0.127	0.071	0.099	0.071	0.071	0.085	0.087	0.127	0.071
33	0.085	0.113	0.127	0.099	0.071	0.141	0.106	0.141	0.071
34	0.156	0.156	0.099	0.113	0.099	0.170	0.132	0.170	0.099
35	0.256	0.198	0.201	0.175	0.184	0.156	0.195	0.256	0.156
36	0.226	0.255	0.212	0.240	0.198	0.255	0.231	0.255	0.198
37	0.212	0.198	0.184	0.156	0.156	0.127	0.172	0.212	0.127
38	0.099	0.099	0.141	0.156	0.127	0.127	0.125	0.156	0.099

设置整流导板后转弯休息池室内流态见图 15-53,经过试验观测,受到整流导板作用,休息池室内水流流向明确,主流顺畅,无明显扭曲,水流主流在池室内呈相对较缓曲线型流线,主流区域流速为 0.27~0.60 m/s,其他大部分区域流速低于 0.2 m/s,在主流区之外的休息池边角处,存在小范围回流区,无漩涡、水跃等流态产生,表底流态、流向基本一致。

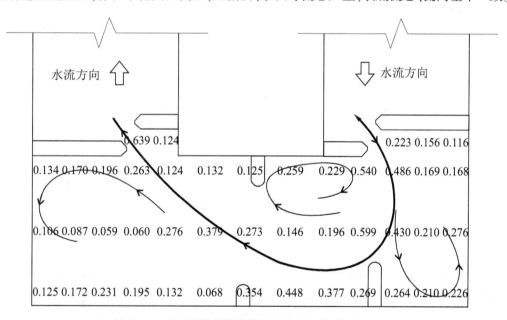

图 15-53　改进后转弯休息池室流态分布图(单位:m/s)

15.2.5.6　小结

试验针对原设计方案出现的问题,对鱼道布置及体型进行了调整,对优化方案鱼道的各项水力特性指标进行了细致量测,研究的主要结论如下:

（1）鱼道隔板竖缝处最大流速为 1.08 m/s，隔板竖缝处沿水深流速平均值为 0.75 m/s，小于竖缝设计控制流速，竖缝内流速值沿程变化不大。

（2）标准池内隔板墩头迎水面改为斜角后，绕流现象显著改善，标准池室内水流流向明确，主流顺畅，无明显扭曲，水流主流在池室内呈相对较缓的"S"形流线，有利于目标鱼类沿主流上溯洄游，竖缝表面水流流向较为明确，无明显水位跌落，竖缝出口附近的流速约为 0.61 m/s，主流区域流速为 0.45~0.79 m/s，范围变化不大。

（3）为改善 180°转弯休息池室内部分主流贴壁现象，研究在 180°转弯休息池室内设置整流导板来改善水流流态，受到整流导板作用，休息池室内水流流向明确，主流顺畅，无明显扭曲，水流主流在池室内呈相对较缓曲线型流线，主流区域流速为 0.27~0.60 m/s，其他大部分区域流速低于 0.20 m/s，在主流区之外的休息池边角处，存在小范围回流区，无漩涡、水跃等流态产生，表底流态、流向基本一致。

15.2.6 优化方案数值模拟研究结果

15.2.6.1 计算模型与网格划分

通过运用流体力学软件 FLOW-3D 建立三维数学模型，数学模型主要针对鱼道优化方案进行计算，优化方案标准池长修改为 2.3 m，池宽 2.0 m，底坡 2.5%，转弯段均布置休息池，休息池池长 6 m，底坡保持 1%不变，同时修改导板和隔板的体型和尺寸。鱼道计算范围根据局部模型试验选取鱼道进口转折盘升段，包括 13 个标准池和 1 个转弯段休息池共 14 个池室，其平面布置、计算模型及网格划分如图 15-54 和图 15-55 所示。

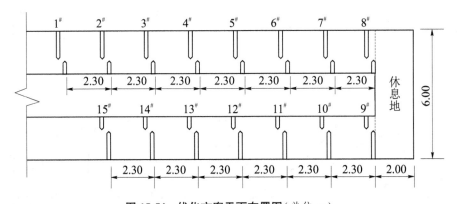

图 15-54 优化方案平面布置图（单位：m）

计算区域网格划分采用笛卡儿正交结构网格，网格大小均为 0.025 m×0.025 m×0.025 m，网格总数约 1 300 万个。在鱼道进口位置设置上游进口边界，边界条件设为流量进口边界，流量大小为 0.3 m/s³，鱼道出口标准池位置设置下游出口边界，边界条件设为压力出口边界，水位高程按照水深 1.2 m 选取，固体边界采用无滑移条件，液面为自由表面。计算初始时刻在各池室设置初始水体，初始水体水深为 1.2 m，以加快水流的稳定，流体设置为不可压缩流体。

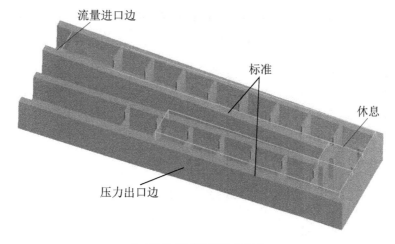

流量进口边

标准

休息

压力出口边

（a）整体模型及网格块划分

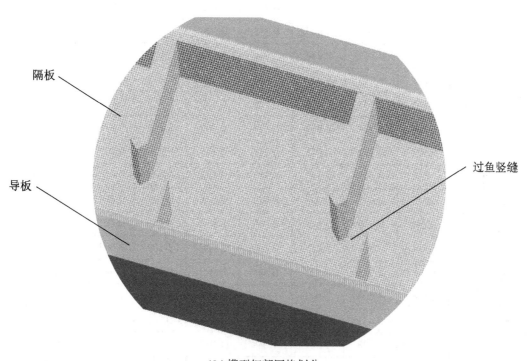

隔板

导板

过鱼竖缝

（b）模型细部网格划分

图 15-55　计算模型与网格划分

15.2.6.2　过鱼竖缝流速

数模计算中过鱼竖缝流速测点布置与模型试验相同,测点沿竖缝中间断面布置,共布置左、中、右三列,每列沿水深布置 6 个测点,距离底板的距离分别为 0.02、0.26、0.50、0.74、0.98、1.10 m,$3^{\#}\sim12^{\#}$ 竖缝测点流速计算结果见表 15-30。竖缝流速范围分布在 0.256 ~ 1.170 m/s,最小流速 0.256 m/s,最大流速 1.170 m/s,平均流速 0.789 m/s。

表 15-30　　　　　　　　　　优化方案过鱼竖缝各测点流速　　　　　　单位:m/s

隔板编号	平面位置	测点距池底的距离						统计值		
		0.02 m	0.26 m	0.50 m	0.74 m	0.98 m	1.20 m	平均值	最大值	最小值
3#	左	0.306	0.371	0.565	0.572	0.434	0.393	0.440	0.572	0.306
	中	0.914	0.912	0.946	0.956	0.905	0.874	0.918	0.956	0.874
	右	0.909	0.901	0.927	0.948	0.917	0.890	0.916	0.948	0.890
4#	左	0.607	0.554	0.395	0.307	0.335	0.375	0.429	0.607	0.307
	中	0.822	0.898	0.945	0.942	0.904	0.863	0.896	0.945	0.822
	右	0.897	0.942	0.953	0.933	0.891	0.855	0.912	0.953	0.855
5#	左	0.309	0.380	0.570	0.599	0.482	0.415	0.459	0.599	0.309
	中	0.873	0.911	0.939	0.939	0.879	0.850	0.898	0.939	0.850
	右	0.891	0.895	0.925	0.940	0.902	0.870	0.904	0.940	0.870
6#	左	0.529	0.507	0.410	0.355	0.396	0.463	0.444	0.529	0.355
	中	0.828	0.889	0.943	0.936	0.889	0.845	0.888	0.943	0.828
	右	0.896	0.929	0.948	0.932	0.890	0.843	0.906	0.948	0.843
7#	左	0.256	0.377	0.489	0.520	0.450	0.415	0.418	0.520	0.256
	中	0.880	0.904	0.922	0.911	0.845	0.811	0.879	0.922	0.811
	右	0.922	0.899	0.915	0.918	0.875	0.839	0.895	0.922	0.839
8#	左	0.591	0.443	0.385	0.331	0.343	0.400	0.416	0.591	0.331
	中	0.867	0.905	0.947	0.929	0.881	0.833	0.894	0.947	0.833
	右	0.918	0.940	0.948	0.923	0.894	0.856	0.913	0.948	0.856
9#	左	0.494	0.399	0.454	0.504	0.570	0.599	0.503	0.599	0.399
	中	0.946	0.939	0.937	0.943	0.953	0.946	0.944	0.953	0.937
	右	1.006	1.008	1.006	1.012	1.014	0.991	1.006	1.014	0.991
10#	左	0.349	0.437	0.432	0.351	0.308	0.361	0.373	0.437	0.308
	中	1.090	1.038	1.027	1.044	1.038	0.995	1.039	1.090	0.995
	右	1.121	1.094	1.084	1.083	1.066	1.011	1.077	1.121	1.011
11#	左	0.395	0.416	0.428	0.464	0.459	0.457	0.436	0.464	0.395
	中	1.136	1.096	1.091	1.092	1.058	0.999	1.079	1.136	0.999
	右	1.165	1.151	1.141	1.137	1.114	1.050	1.126	1.165	1.050
12#	左	0.434	0.476	0.494	0.441	0.425	0.463	0.455	0.494	0.425
	中	1.170	1.088	1.083	1.101	1.087	1.036	1.094	1.170	1.036
	右	1.107	1.146	1.139	1.142	1.121	1.035	1.115	1.146	1.035

续表 15-30

隔板编号	平面位置	测点距池底的距离						统计值		
		0.02 m	0.26 m	0.50 m	0.74 m	0.98 m	1.20 m	平均值	最大值	最小值
统计值	平均	0.788	0.795	0.813	0.807	0.778	0.754	0.789	—	—
	最大	1.170	1.151	1.141	1.142	1.121	1.050	—	1.170	—
	最小	0.256	0.371	0.385	0.307	0.308	0.361	—	—	0.256

为了更好地与物模实测结果进行对比,取各竖缝中间列测点流速的平均值、最大值和最小值,绘制沿程变化曲线,数模与物模结果对比情况见表 15-31 和如图 15-56~图 15-58 所示。由图可知,各竖缝中间测点流速相近,沿程变化不大,数值计算结果中流速平均值在 0.879~1.094 m/s,流速最大值在 0.922~1.170 m/s,流速最小值在 0.811~1.036 m/s,其流速分布与模型实测值接近,只是在 180°转弯休息池下游竖缝流速有所增大,分析原因可能是由于转弯后池室距离下游网格边界较近,受下游网格边界条件的影响,竖缝流速偏大。

表 15-31 过鱼竖缝中间列测点流速结果对比 单位:m/s

竖缝编号	数值模拟			物理模型		
	平均流速	最大流速	最小流速	平均流速	最大流速	最小流速
3#	0.918	0.956	0.874	0.999	1.072	0.93
4#	0.896	0.945	0.822	0.875	1.011	0.788
5#	0.898	0.939	0.850	0.945	1.004	0.86
6#	0.888	0.943	0.828	0.886	0.923	0.833
7#	0.879	0.922	0.811	0.861	0.918	0.799
8#	0.894	0.947	0.833	0.819	0.987	0.631
9#	0.944	0.953	0.937	0.962	1.08	0.872
10#	1.039	1.090	0.995	0.905	1.038	0.8
11#	1.079	1.136	0.999	0.995	1.051	0.945
12#	1.094	1.170	1.036	0.882	1.031	0.747

计算 3#~12#鱼道竖缝相同测点位置的流速平均值,计算结果见表 15-32,左、中、右三列测点平均流速随高度的变化曲线如图 15-59 所示,其中左侧测点为靠近隔板测点,右测测点为靠近导板测点。由图 15-59 可知,数值计算与模型实测结果相差不大,流速沿水深方向变化较小,且靠近隔板测点流速均小于中间及靠近导板测点流速,靠近隔板测点平均流速数模计算结果为 0.437 m/s,模型实测结果为 0.471 m/s;中间测点平均流速计算结果为 0.953 m/s,实测结果为 0.913 m/s;靠近导板测点平均流速计算结果为 0.977 m/s,实测结果为 0.867 m/s(见表 15-32)。

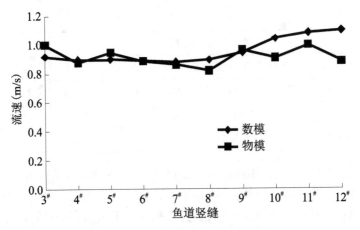

图 15-56 竖缝中间测点流速平均值

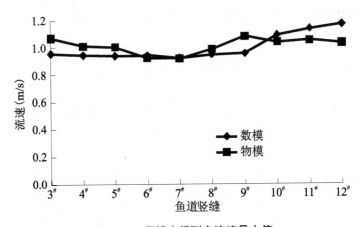

图 15-57 竖缝中间测点流速最大值

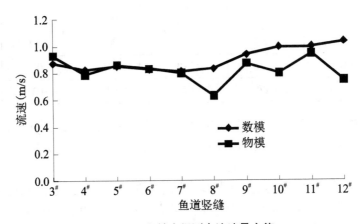

图 15-58 竖缝中间测点流速最小值

表 15-32　　　　　　　　　各竖缝平均流速　　　　　　　　单位:m/s

距底板高度(m)	左侧测点流速		中间测点流速		右侧测点流速	
	数模	物模	数模	物模	数模	物模
0.02	0.427	0.554	0.953	0.949	0.983	0.823
0.26	0.436	0.369	0.958	0.927	0.990	0.928
0.50	0.462	0.412	0.978	0.882	0.999	0.896
0.74	0.444	0.432	0.979	0.914	0.997	0.895
0.98	0.420	0.553	0.944	0.920	0.969	0.869
1.10	0.434	0.509	0.905	0.886	0.924	0.792
平均值	0.437	0.471	0.953	0.913	0.977	0.867

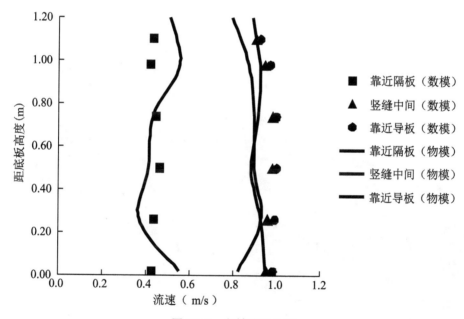

图 15-30　竖缝流速分布

15.2.6.3　池室整体流速分布

鱼道各池室流速分布如图 15-60、图 15-61 所示。图 15-60 亮色区域表示池室内流速大于 0.5 m/s 的范围,图 15-61 蓝色区域表示池室内流速小于 0.2 m/s 的范围。由两图可知,各标准池内主流流向明确,分布相近,呈相对较缓的"S"形,在主流两侧分布有流速小于 0.2 m/s 的区域,为鱼类上溯提供了休息的空间。

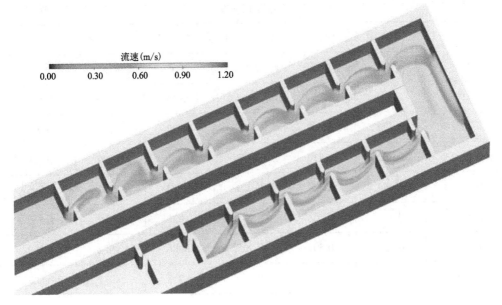

图 15-60 主流流速分布

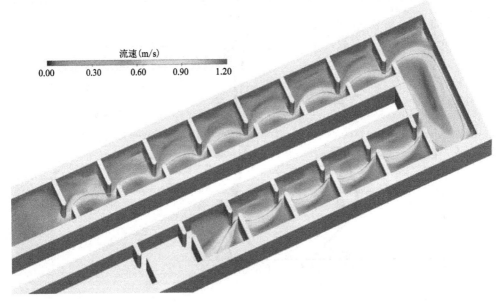

图 15-61 低流速分布

15.2.6.4 标准池室内水力特征

　　为了与模型实测结果对比,标准池流速测点布置(如图 15-62 所示)与物理模型相同,即在同一个标准池内布置 8 个测流断面,共 35 个测点,每个测点沿水深方向测量 6 个不同位置的流速,计算结果见表 15-33,并提取距离底板 0.2、0.6、1.0 m 表、中、底三层平面流速矢量分布如图 15-63 所示。

表 15-33			标准池流速分布					单位：m/s	
点位编号	测点距池底的距离						统计值		
	0.02 m	0.26 m	0.50 m	0.74 m	0.98 m	1.20 m	平均值	最大值	最小值
1	0.135	0.111	0.083	0.067	0.067	0.071	0.089	0.135	0.067
2	0.173	0.162	0.146	0.134	0.127	0.126	0.145	0.173	0.126
3	0.150	0.140	0.094	0.160	0.104	0.107	0.126	0.160	0.094
4	0.230	0.188	0.141	0.121	0.128	0.136	0.157	0.230	0.121
5	0.174	0.133	0.089	0.072	0.074	0.079	0.104	0.174	0.072
6	0.409	0.401	0.571	0.623	0.534	0.502	0.507	0.623	0.401
7	0.143	0.140	0.139	0.135	0.132	0.132	0.137	0.143	0.132
8	0.092	0.107	0.099	0.091	0.084	0.083	0.092	0.107	0.083
9	0.276	0.239	0.191	0.173	0.185	0.196	0.210	0.276	0.173
10	0.143	0.093	0.047	0.105	0.071	0.042	0.084	0.143	0.042
11	0.803	0.768	0.846	0.866	0.844	0.840	0.828	0.866	0.768
12	0.104	0.100	0.097	0.094	0.095	0.097	0.098	0.104	0.094
13	0.206	0.205	0.199	0.187	0.174	0.167	0.190	0.206	0.167
14	0.292	0.255	0.211	0.195	0.213	0.227	0.232	0.292	0.195
15	0.137	0.047	0.117	0.208	0.148	0.098	0.126	0.208	0.047
16	0.696	0.665	0.715	0.728	0.730	0.728	0.711	0.730	0.665
17	0.077	0.075	0.074	0.074	0.075	0.075	0.075	0.077	0.074
18	0.288	0.280	0.278	0.269	0.255	0.248	0.270	0.288	0.248
19	0.277	0.245	0.208	0.197	0.218	0.234	0.230	0.277	0.197
20	0.133	0.022	0.158	0.251	0.180	0.121	0.144	0.251	0.022
21	0.563	0.550	0.636	0.658	0.653	0.633	0.615	0.658	0.550
22	0.092	0.109	0.110	0.110	0.110	0.113	0.107	0.113	0.092
23	0.330	0.321	0.324	0.317	0.305	0.298	0.316	0.330	0.298

续表 15-33

点位编号	测点距池底的距离						统计值		
	0.02 m	0.26 m	0.50 m	0.74 m	0.98 m	1.20 m	平均值	最大值	最小值
24	0.211	0.205	0.189	0.180	0.191	0.202	0.197	0.211	0.180
25	0.164	0.047	0.155	0.233	0.174	0.121	0.149	0.233	0.047
26	0.328	0.442	0.585	0.642	0.604	0.561	0.527	0.642	0.328
27	0.388	0.345	0.308	0.287	0.294	0.309	0.322	0.388	0.287
28	0.285	0.283	0.288	0.284	0.273	0.265	0.280	0.288	0.265
29	0.076	0.132	0.155	0.143	0.133	0.130	0.128	0.155	0.076
30	0.112	0.193	0.252	0.261	0.245	0.230	0.216	0.261	0.112
31	0.216	0.253	0.312	0.330	0.297	0.275	0.280	0.330	0.216
32	0.610	0.568	0.532	0.519	0.530	0.538	0.550	0.610	0.519
33	0.165	0.167	0.178	0.178	0.169	0.163	0.170	0.178	0.163
34	0.582	0.618	0.609	0.610	0.609	0.601	0.605	0.618	0.582
35	0.096	0.073	0.064	0.076	0.095	0.096	0.083	0.096	0.064

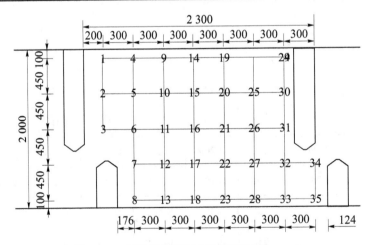

图 15-62 标准池流速测点布置图(单位:mm)

由图 15-63 可知,标准池表、中、底层流速分布基本相同,主流经竖缝流入池室,弯曲程度小,较为平顺,利于鱼类上溯,在主流两侧存在两个分布范围相近的低速回流区,为鱼类通过鱼道提供了良好的休息空间。

流速(m/s)

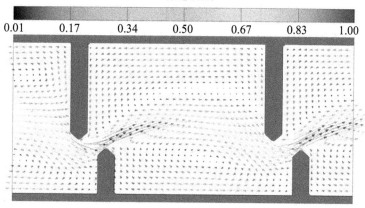

（a）距离底板 0.2 m

流速(m/s)

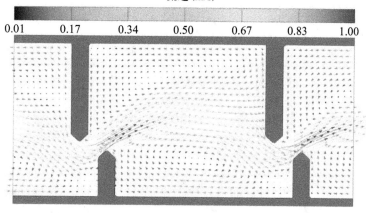

（b）距离底板 0.6 m

流速(m/s)

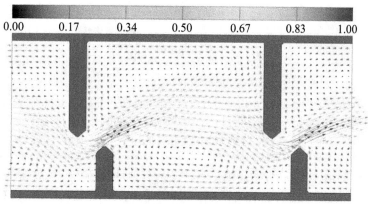

（c）距离底板 1.0 m

图 15-63　标准池平面流速矢量图

取各测流断面最大流速测点沿高程的平均流速 v_{max} 与测点距离隔板的距离 x,并分别转化为无量纲值 v_{max}/v_a 和 x/l,其中 v_a 为过鱼竖缝的平均流速,数模计算结果为 0.789 m/s,模型试验结果为 0.75 m/s,l 为标准池的长度 2.3 m,绘制 v_{max}/v_a 随 x/l 的变化曲线如图15-64 所示。

表 15-34 　　　　　　　　　　　标准池各测流断面最大流速分布

测点	x(m)	x/l	数模		物模	
			v_{max}(m/s)	v_{max}/v_a	v_{max}(m/s)	v_{max}/v_a
6	0.5	0.22	0.507	0.642	0.446	0.595
11	0.8	0.35	0.828	1.049	0.792	1.056
16	1.1	0.48	0.711	0.901	0.685	0.913
21	1.4	0.61	0.615	0.780	0.595	0.793
26	1.7	0.74	0.527	0.668	0.496	0.661
32	2	0.87	0.550	0.697	0.526	0.701
34	2.3	1.00	0.605	0.767	0.611	0.815

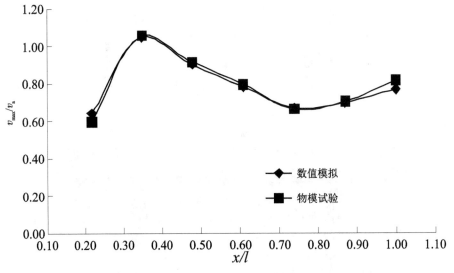

图 15-64 标准池各断面最大流速沿程变化曲线

由图 15-64 可知,标准池最大流速沿程分布的数值计算与物模试验结果相近,主流最大流速沿程先增大、后减小、再增加,在 $x/l=0.35$ 时,主流区流速达到最大,数模最大流速 v_{max} 为 0.828 m/s,v_{max}/v_a 为 1.049,物模试验 v_{max} 为 0.792 m/s,v_{max}/v_a 为 1.056。数模与物模结果中,标准池主流区最大流速基本分布在 0.5~0.8 m/s 附近,适合鱼类沿程上溯。

15.2.6.5　180°转弯休息池室内水力特征

180°转弯休息池内共布置 11 个测流断面,38 个流速测点,测点布置与模型试验相同,图 15-65 为休息池测点布置图。

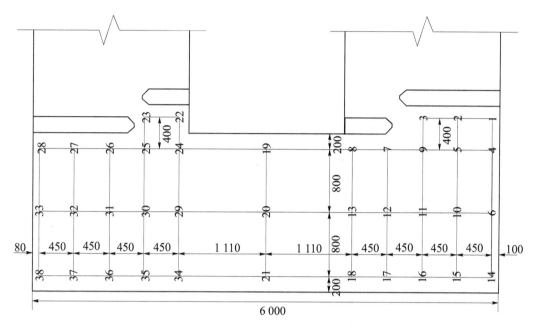

图 15-65　休息池流速测点布置图(单位:mm)

转弯休息池室内流速计算结果见表 15-35,流场分布见图 15-66。由图 15-66 可知,休息池流速分布情况与模型试验结果相近,主流进入休息池后沿左侧边壁流向下游,在休息池中间形成大范围环流,主流流速主要分布在 0.202~0.684 m/s,在环流中心区域及休息池边角处存在流速小于 0.2 m/s 的低流速区,可以为鱼类上溯休息提供合适的空间。由于休息池存在主流贴壁现象,会对鱼类上溯产生不利影响,因此模型试验中对休息池体型进行了优化比选,并提出了较优方案。

表 15-35　　　　　　　　　　　　　　　休息池室流速分布　　　　　　　　　　　　　　单位:m/s

点位编号	测点距池底的距离						统计值		
	0.02 m	0.26 m	0.50 m	0.74 m	0.98 m	1.20 m	平均值	最大值	最小值
1	0.047	0.076	0.075	0.075	0.075	0.068	0.069	0.076	0.047
2	0.150	0.147	0.147	0.145	0.143	0.141	0.146	0.150	0.141
3	0.159	0.172	0.175	0.175	0.173	0.169	0.170	0.175	0.159
4	0.158	0.164	0.169	0.166	0.151	0.143	0.159	0.169	0.143
5	0.121	0.110	0.112	0.109	0.101	0.096	0.108	0.121	0.096
6	0.747	0.580	0.522	0.485	0.557	0.673	0.594	0.747	0.485

续表 15-35

点位编号	测点距池底的距离						统计值		
	0.02 m	0.26 m	0.50 m	0.74 m	0.98 m	1.20 m	平均值	最大值	最小值
7	0.101	0.132	0.130	0.128	0.126	0.131	0.125	0.132	0.101
8	0.210	0.207	0.202	0.197	0.194	0.193	0.201	0.210	0.193
9	0.274	0.280	0.299	0.299	0.276	0.263	0.282	0.299	0.263
10	0.160	0.035	0.063	0.059	0.035	0.065	0.070	0.160	0.035
11	0.663	0.546	0.470	0.451	0.557	0.637	0.554	0.663	0.451
12	0.222	0.205	0.223	0.226	0.199	0.179	0.209	0.226	0.179
13	0.071	0.074	0.075	0.073	0.066	0.063	0.070	0.075	0.063
14	0.140	0.165	0.183	0.197	0.165	0.157	0.168	0.197	0.140
15	0.232	0.218	0.229	0.230	0.208	0.213	0.222	0.232	0.208
16	0.400	0.203	0.085	0.076	0.195	0.261	0.203	0.400	0.076
17	0.577	0.488	0.419	0.414	0.480	0.501	0.480	0.577	0.414
18	0.696	0.676	0.657	0.654	0.664	0.674	0.670	0.696	0.654
19	0.304	0.299	0.291	0.285	0.280	0.278	0.289	0.304	0.278
20	0.021	0.025	0.028	0.033	0.036	0.037	0.030	0.037	0.021
21	0.642	0.688	0.691	0.693	0.693	0.698	0.684	0.698	0.642
22	0.058	0.030	0.038	0.042	0.040	0.037	0.041	0.058	0.030
23	0.691	0.735	0.729	0.728	0.722	0.709	0.719	0.735	0.691
24	0.263	0.265	0.258	0.252	0.249	0.249	0.256	0.265	0.249
25	0.448	0.437	0.423	0.413	0.408	0.407	0.423	0.448	0.407
26	0.426	0.423	0.413	0.407	0.402	0.400	0.412	0.426	0.400
27	0.227	0.230	0.227	0.226	0.225	0.225	0.226	0.230	0.225
28	0.072	0.096	0.102	0.106	0.108	0.107	0.099	0.108	0.072
29	0.094	0.097	0.101	0.105	0.107	0.107	0.102	0.107	0.094
30	0.153	0.153	0.154	0.156	0.156	0.156	0.154	0.156	0.153
31	0.208	0.202	0.200	0.201	0.200	0.200	0.202	0.208	0.200
32	0.245	0.241	0.241	0.244	0.245	0.246	0.244	0.246	0.241
33	0.247	0.260	0.274	0.279	0.278	0.277	0.269	0.279	0.247
34	0.515	0.579	0.589	0.595	0.595	0.596	0.578	0.596	0.515
35	0.456	0.496	0.507	0.513	0.512	0.512	0.500	0.513	0.456
36	0.321	0.386	0.395	0.398	0.397	0.395	0.382	0.398	0.321
37	0.055	0.247	0.260	0.252	0.249	0.247	0.218	0.260	0.055
38	0.073	0.113	0.103	0.079	0.086	0.086	0.090	0.113	0.073

流速(m/s)

0.00　0.17　0.34　0.50　0.67　0.83　1.00

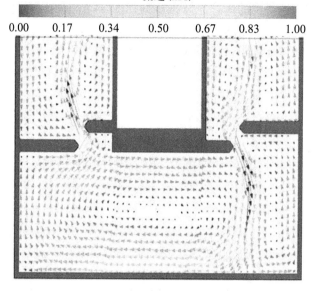

(a)距离底板 0.2 m

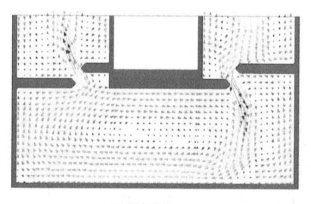

(b)距离底板 0.6 m

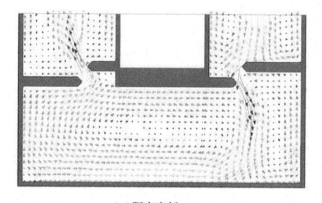

(c)距离底板 1.0 m

图 15-66　休息池平面流速矢量图

15.2.6.6 180°转弯休息池修改体型

通过模型试验比选得到的休息池修改体型如图 15-67 所示,通过在休息池内设置整流导板可以改善池室主流贴壁的流态,本次数值模拟对休息池修改体型进行了验证,修改后的休息池测点布置与之前相同,各测点流速计算结果见表 15-36。

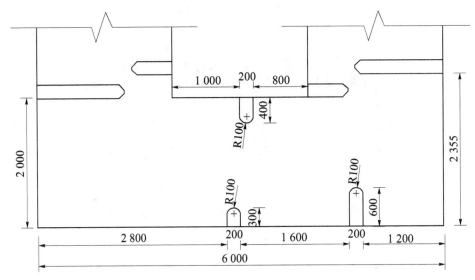

图 15-67 转弯池室整流导板布置图(单位:mm)

表 15-36　　　　　　　　　　　　休息池室流速分布　　　　　　　　　　单位:m/s

点位编号	测点距池底的距离						统计值		
	0.02 m	0.26 m	0.50 m	0.74 m	0.98 m	1.20 m	平均值	最大值	最小值
1	0.078	0.089	0.071	0.067	0.072	0.070	0.075	0.089	0.067
2	0.169	0.161	0.151	0.145	0.144	0.145	0.153	0.169	0.144
3	0.164	0.180	0.175	0.172	0.171	0.165	0.171	0.180	0.164
4	0.226	0.195	0.162	0.155	0.162	0.164	0.177	0.226	0.155
5	0.152	0.122	0.106	0.107	0.112	0.113	0.118	0.152	0.106
6	0.721	0.477	0.389	0.341	0.486	0.678	0.515	0.721	0.341
7	0.051	0.150	0.153	0.142	0.133	0.130	0.126	0.153	0.051
8	0.202	0.315	0.323	0.309	0.291	0.268	0.285	0.323	0.202
9	0.371	0.370	0.368	0.359	0.340	0.329	0.356	0.371	0.329
10	0.177	0.095	0.054	0.059	0.083	0.088	0.093	0.177	0.054
11	0.780	0.510	0.395	0.382	0.568	0.718	0.559	0.780	0.382
12	0.681	0.616	0.662	0.683	0.600	0.532	0.629	0.683	0.532

续表 15-36

点位编号	测点距池底的距离						统计值		
	0.02 m	0.26 m	0.50 m	0.74 m	0.98 m	1.20 m	平均值	最大值	最小值
13	0.218	0.220	0.239	0.244	0.236	0.234	0.232	0.244	0.218
14	0.177	0.208	0.250	0.218	0.207	0.209	0.212	0.250	0.177
15	0.183	0.272	0.363	0.304	0.279	0.279	0.280	0.363	0.183
16	0.451	0.296	0.190	0.197	0.333	0.383	0.308	0.451	0.190
17	0.125	0.178	0.213	0.175	0.128	0.080	0.150	0.213	0.080
18	0.642	0.568	0.435	0.400	0.584	0.595	0.537	0.642	0.400
19	0.154	0.157	0.128	0.103	0.098	0.093	0.122	0.157	0.093
20	0.399	0.404	0.447	0.479	0.481	0.489	0.450	0.489	0.399
21	0.474	0.487	0.487	0.437	0.399	0.409	0.449	0.487	0.399
22	0.062	0.021	0.019	0.015	0.009	0.007	0.022	0.062	0.007
23	0.640	0.703	0.691	0.678	0.678	0.672	0.677	0.703	0.640
24	0.439	0.504	0.484	0.466	0.479	0.481	0.476	0.504	0.439
25	0.465	0.448	0.373	0.339	0.349	0.351	0.387	0.465	0.339
26	0.319	0.302	0.257	0.230	0.227	0.228	0.260	0.319	0.227
27	0.281	0.267	0.243	0.214	0.197	0.195	0.233	0.281	0.195
28	0.170	0.179	0.175	0.158	0.130	0.123	0.156	0.179	0.123
29	0.205	0.174	0.154	0.152	0.159	0.160	0.167	0.205	0.152
30	0.087	0.086	0.088	0.089	0.091	0.092	0.089	0.092	0.086
31	0.038	0.022	0.004	0.016	0.027	0.030	0.023	0.038	0.004
32	0.120	0.120	0.129	0.141	0.146	0.148	0.134	0.148	0.120
33	0.334	0.316	0.311	0.304	0.293	0.288	0.308	0.334	0.288
34	0.161	0.180	0.181	0.180	0.181	0.184	0.178	0.184	0.161
35	0.233	0.238	0.239	0.240	0.243	0.246	0.240	0.246	0.233
36	0.247	0.251	0.253	0.256	0.261	0.264	0.255	0.264	0.247
37	0.200	0.202	0.204	0.206	0.210	0.213	0.206	0.213	0.200
38	0.079	0.123	0.116	0.112	0.108	0.107	0.107	0.123	0.079

休息池表、中、底层流速分布如图 15-68 所示，由图可知休息池安装整流导板后，有效改善了池内主流贴壁的现象，休息池内主流流向明确，流速大小主要分布在 0.167~0.629 m/s，在主流区外形成 3 个低速回流区供鱼类休息。

流速(m/s)

0.00   0.17   0.34   0.50   0.67   0.83   1.00

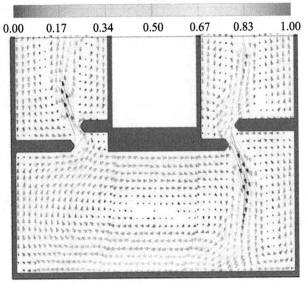

（a）距离底板 0.2 m

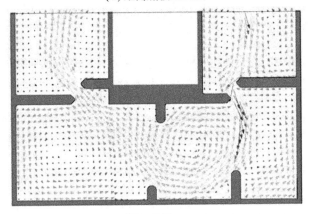

（b）距离底板 0.6 m

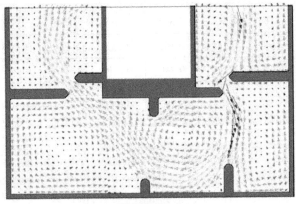

（c）距离底板 1.0 m

图 15-68　休息池平面流速矢量图

15.2.6.7　小结

本节通过建立鱼道局部数学模型,对鱼道优化方案进行了验证,结论如下:

(1)根据数值模拟分析,鱼道竖缝最大流速 1.170 m/s,平均流速 0.789 m/s,竖缝流速沿程变化较小,且各竖缝靠近隔板测点流速小于中间及靠近导板测点流速,数模结果与模型试验相近。

(2)标准池内表、中、底层流速分布相近,主流呈相对较缓的"S"形,主流流速主要分布在 0.5~0.8 m/s,在主流两侧存在两个范围大小相近的低速回流区供鱼类休息。通过绘制池内各测流断面最大流速沿程变化曲线,发现物模与数模最大流速沿程变化规律相近,均呈先增大、后减小、再增大的规律。

(3)通过在 180°转弯休息池内设置整流导板,池内主流贴壁现象得到了改善,休息池主流流向明确,流速大小主要分布在 0.167~0.629 m/s,在主流区外分布有 3 个低速回流区,为鱼类上溯休息提供了空间。

15.2.7　成果分析

本章通过物理模型和三维紊流数学模型对湘河水利枢纽工程鱼道隔板型式、底坡坡度、休息池布置等进行试验研究,得出以下分析结论:

(1)通过 1:2 大比尺鱼道局部模型试验研究,对原设计方案和优化方案的鱼道局部水力条件进行了分析研究,试验结果表明:优化方案鱼道池室内水流条件较好,水流过渡平稳无明显突变现象,竖缝处流速基本满足设计要求,鱼道采用的隔板型式及底坡设计合理。

(2)各竖缝中间测点流速沿程变化不大,数值计算结果流速平均值在 0.879~1.094 m/s,流速最大值在 0.922~1.170 m/s,其流速大小和分布规律与模型实测值接近。

(3)流速沿水深方向变化数值计算与模型实测结果相差不大,靠近隔板测点流速均小于中间及靠近导板测点流速,靠近隔板测点平均流速数模计算结果为 0.437 m/s,模型实测结果为 0.471 m/s;中间测点平均流速计算结果为 0.953 m/s,实测结果为 0.913 m/s。

(4)本工程局部物理模型和 FLOW-3D 软件三维数学模型两种方法模拟结果一致。

15.3　凤山水库工程集鱼系统整体模型试验研究

15.3.1　工程概况

凤山水库处于贵州省黔南布依族苗族自治州福泉市境内、长江流域沅江水系清水江上游河段鱼梁江上,坝址位于福泉市马场坪办事处西南约 3 km 处。坝址以上流域面积 347 km²,坝址多年平均径流量 2.15 亿 m³、多年平均流量 6.81 m³/s。

凤山水库是一座以城乡生活和工业供水为主,兼顾发电,并为退还城镇供水挤占的生态、农业灌溉用水创造条件的大(2)型水利枢纽。水库总库容 1.04 亿 m^3,正常蓄水位 909 m,相应库容 9 655 万 m^3,坝后电站装机容量 5 MW,多年平均发电量 1 871 万 kW·h。凤山水库工程建设内容包括水库工程和输水工程两部分。水库工程主要建筑物:挡水建筑物、泄水建筑物及发电厂房等,碾压混凝土重力坝最大坝高 90 m。输水工程主要建筑物:输水隧洞、输水管道和 3 座泵站等,输水线路总长 53.22 km,输水管道长度 39.98 km,3 座泵站总净扬程 368 m。

坝下集鱼系统布置在消力池挡墙末端河道束窄处,主要由诱鱼进口段、鱼道式进口段、集鱼通道、集鱼池、集鱼斗等组成。集鱼通道采用敞开式通道,通道中不设置挡板,长约 10 m,宽 2 m,采用钢筋混凝土结构,边墙混凝土厚 1.5 m,底高程为 844.18 m。集鱼系统进口采用一股流速较高的水流吸引鱼类,鱼类经进鱼口进入集鱼通道后,通过拖曳格栅将鱼类引导至集鱼池中,集鱼池底部的提升装置提升鱼类和水,将鱼集中在集鱼斗中,通过专用吊具将集鱼斗提出集鱼池。进鱼口后紧邻设计防逃装置,防逃装置和进鱼口均采用不锈钢网状结构以防止鱼类逃脱。集鱼系统整体布置如图 15-69 所示,集鱼系统体型如图 15-70~图 15-72 所示。

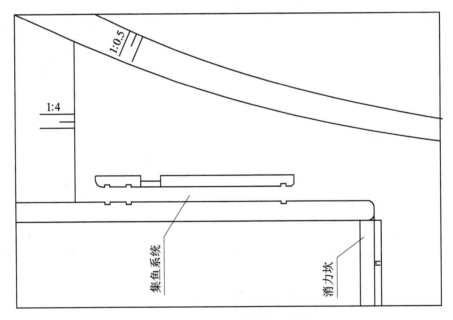

图 15-69　集鱼系统整体布置图

本研究通过建立集鱼系统整体物理以模型(1:10)及三维紊流数学模型,模拟过鱼工况下下游河道流场情况,观测进鱼口、集鱼通道及集鱼池水流流态和流速分布,确定集鱼系统的运行流量,对鱼道进口的布置型式提出合理化建议。

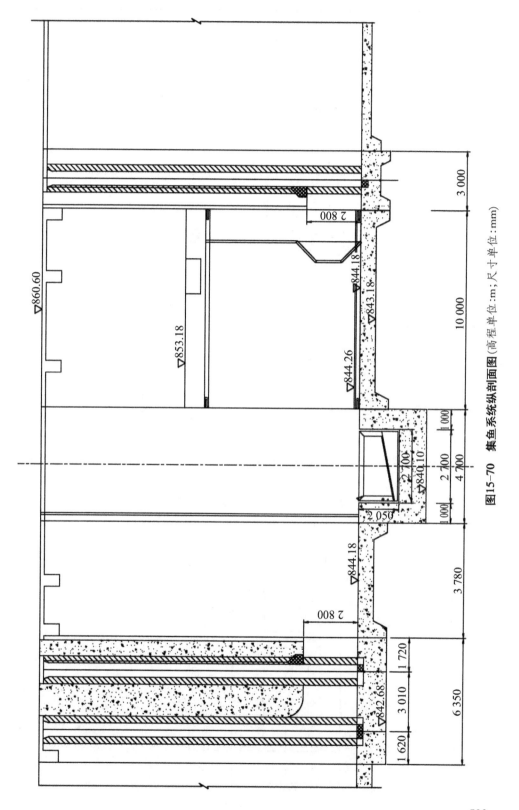

图15-70 集鱼系统纵剖面图(高程单位:m;尺寸单位:mm)

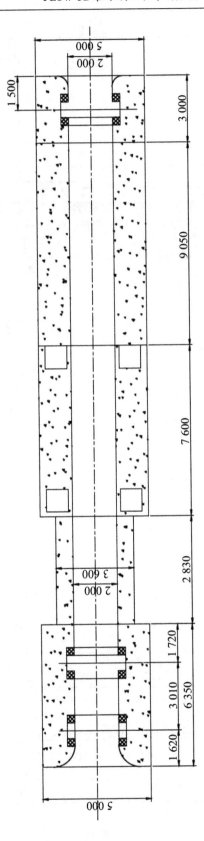

图15-71　集鱼系统纵平面图 (单位:mm)

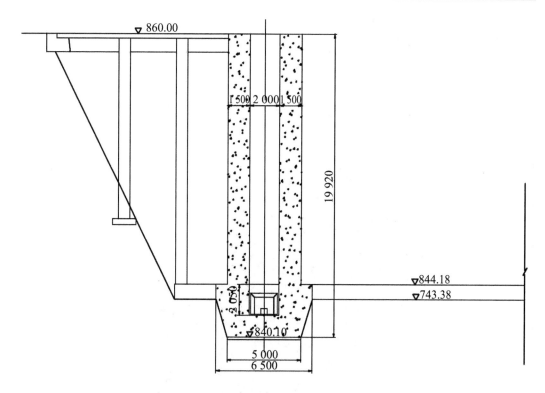

图 15-72　集鱼系统横剖面图(高程单位:m;尺寸单位:mm)

15.3.2　研究内容

通过集鱼系统整体模型试验,模拟过鱼工况下下游河道流场情况,观测进鱼口、集鱼通道及集鱼池水流流态和流速分布,确定集鱼系统的运行流量,对鱼道进口的布置型式提出合理化建议,结合试验成果提出集鱼系统合理的运行方式建议。主要研究内容如下:

(1)观测不同运行工况下(生态流量、发电流量)集鱼平台进口处的流态及流速分布,对鱼道进口体型进行优化。给出不同工况下的集鱼平台进口断面下游流速分布图(断面包括整个河流断面,以观测集鱼平台下泄水流的竞争优势)。

(2)观测集鱼通道及诱鱼进口段流态及流速分布,对漩涡、回流等不良流态提出改进措施。

(3)测定集鱼池内水流流速,确定集鱼系统运行流量。

(4)根据试验研究成果,结合下游水位提出集鱼系统合理的运行方式。

15.3.3　研究方法和技术线路

研究通过采用物理模型试验、数值模拟和理论分析计算相结合的综合技术手段开展。建立集鱼系统三维紊流数学模型,对集鱼系统及下游河道流场进行分析,优化集鱼系统布置及结构,在此基础上开展集鱼系统整体物理模型,对集鱼系统内水力特性进行研究。

15.3.3.1 计算模型与网格划分

通过运用流体力学软件 FLOW-3D 建立数学模型,模拟计算区域主要包括电站尾水、集鱼系统以及下游河道。计算区域首先采用大小为 0.2 m 的网格进行划分,在集鱼系统位置对网格局部加密,网格大小为 0.1 m,网格划分采用笛卡儿正交结构网格,由于集鱼流量较小,水位较低,因此网格最大高程设为 846 m,有效网格总数约 385 万个,计算模型与网格划分如图 15-73 所示。

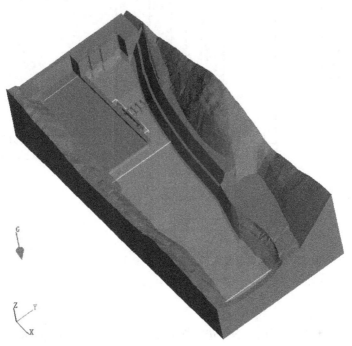

(a) 整体模型

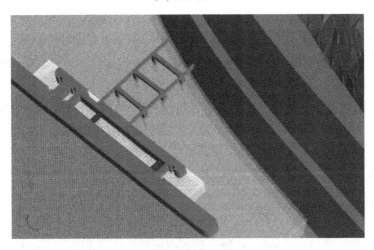

(b) 集鱼系统

图 15-73 计算模型与网格划分

计算模型在电站及生态基流出口位置设置上游进口边界,进口边界条件设为流速进口边界,进口流速大小根据相应工况的流量计算得出,坝后桩号 0+280 位置设置下游出口边界,出口边界条件设为压力边界,水位高程为对应工况的下游水位,固体边界采用无滑移条件,液面为自由表面。计算初始时刻在计算区域设置初始水体,水体表面高程与下游水位对应,以加快水流的稳定,流体设置为不可压缩流体。数值模拟计算工况见表 15-37。

表 15-37   数值模拟计算工况

工况	流量(m^3/s)	下游水位(m)
生态洪峰	14.45	845.75
3 台机组满发	8.73	845.38
生态基流 1	2.04	844.74
生态基流 2	1.82	844.72

15.3.3.2 物理模型设计

凤山集鱼系统整体模型比尺为 1:10,模型范围包括电站及生态放水管出口、集鱼系统、消力池边墙及下游河道(河道至坝下 0+250),上述模拟范围足以消除模型边界对库区水流影响,保证模型的可靠性下游水位控制点位于坝下 200 m,模型布置示意如图 15-74 所示。

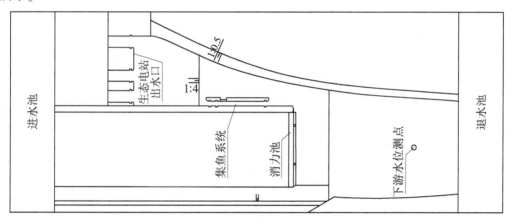

图 15-74 模型布置示意图

15.3.4 数模计算成果

15.3.4.1 流量 14.45 m^3/s 工况

泄放最大生态流量 14.45 m^3/s,3 台机组引用流量 8.73 m^3/s,生态放水管下泄流量 5.72 m^3/s,下游水位 845.75 m。

1.集鱼通道流速分布

在集鱼通道内沿水流方向布置 9 个流速测量断面,每个断面布置 3 个流速测点,共布置 27 个流速测点,相邻断面间距 2.0 m,同一断面相邻测点间距 0.8 m,测点布置如图 15-75 所示,各测点位置的流速分布见表 15-38。

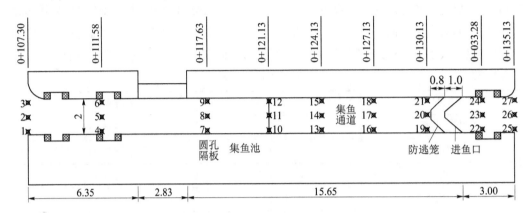

图 15-75 集鱼通道流速测点分布

表 15-38   集鱼通道流速分布   单位:m/s

测点	高程			平均值	最大值	最小值
	843.90 m	844.70 m	845.50 m			
1	0.600	0.603	0.594	0.599	0.603	0.594
2	0.604	0.600	0.595	0.599	0.604	0.595
3	0.611	0.602	0.593	0.602	0.611	0.593
4	0.733	0.753	0.719	0.735	0.753	0.719
5	0.759	0.761	0.763	0.761	0.763	0.759
6	0.646	0.649	0.677	0.657	0.677	0.646
7	0.698	0.738	0.678	0.705	0.738	0.678
8	0.766	0.779	0.776	0.774	0.779	0.766
9	0.616	0.657	0.688	0.654	0.688	0.616
10	0.687	0.753	0.676	0.705	0.753	0.676
11	0.767	0.796	0.792	0.785	0.796	0.767
12	0.603	0.671	0.710	0.661	0.710	0.603
13	0.654	0.752	0.661	0.689	0.752	0.654
14	0.751	0.805	0.796	0.784	0.805	0.751
15	0.583	0.676	0.713	0.657	0.713	0.583
16	0.634	0.743	0.645	0.674	0.743	0.634

续表 15-38

测点	高程			平均值	最大值	最小值
	843.90 m	844.70 m	845.50 m			
17	0.733	0.809	0.796	0.779	0.809	0.733
18	0.565	0.676	0.712	0.651	0.712	0.565
19	0.628	0.736	0.635	0.666	0.736	0.628
20	0.728	0.811	0.794	0.778	0.811	0.728
21	0.563	0.679	0.715	0.652	0.715	0.563
22	0.599	0.713	0.641	0.651	0.713	0.599
23	0.721	0.821	0.801	0.781	0.821	0.721
24	0.552	0.674	0.749	0.658	0.749	0.552
25	0.558	0.666	0.606	0.610	0.666	0.558
26	0.705	0.812	0.787	0.768	0.812	0.705
27	0.558	0.665	0.765	0.663	0.765	0.558
平均值	0.653	0.718	0.707	0.693	—	—
最大值	0.767	0.821	0.801	—	0.821	—
最小值	0.552	0.600	0.593	—	—	0.552

流量 14.45 m³/s 工况下,集鱼通道内流速分布较为均匀,流向顺直,水流自集鱼系统上游进口流入,经圆孔隔板进入集鱼通道,再由防逃笼和进鱼口网格流出。集鱼通道内流速大小分布在 0.552~0.821 m/s,最小流速 0.552 m/s,最大流速 0.821 m/s,平均流速 0.693 m/s。通道内左、中、右三列测点流速沿程变化曲线如图 15-76 所示,由图 15-76 可知,流速沿程变化不大,集鱼通道内中间流速大于左侧和右侧流速。不同高程位置的流速矢量及分布云图如图 15-77 所示。

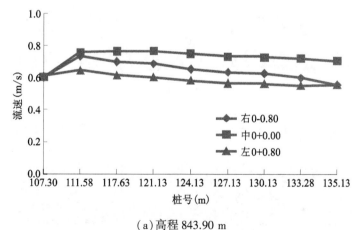

(a)高程 843.90 m

图 15-76　不同高程位置流速沿程分布

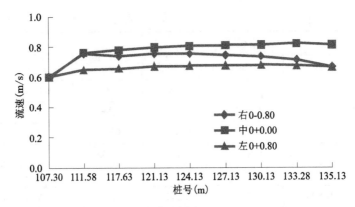

（b）高程 844.70 m

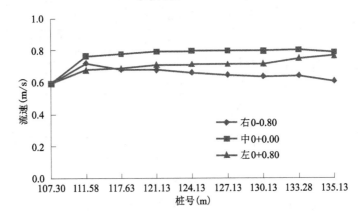

（c）高程 845.50 m

续图 15-76

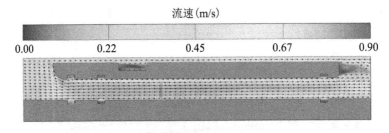

（a）高程 843.90 m

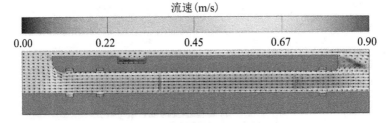

（b）高程 844.70 m

图 15-77　流速矢量及分布云图

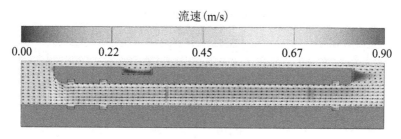

（c）高程 845.50 m

续图 15-77

2.进鱼口及下游河道流速分布

在进鱼口及下游河道沿水流方向布置 6 个流速测量断面,共布置 39 个流速测点,测点布置如图 15-78 所示,各测点位置的流速分布见表 15-39。沿程(桩号 0+138.13、0+141.13、0+146.26)流速变化曲线如图 15-79 所示。

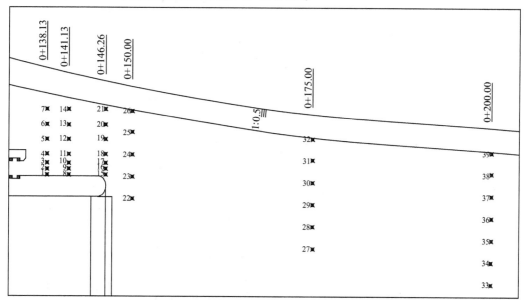

图 15-78　进鱼口及下游河道流速测点分布

桩号 0+138.13、0+141.13、0+146.26 测点流速变化不大。由于桩号 0+146.26 处过流宽度最小,15#~21#测点流速较大,流速范围在 0.576~0.754 m/s。桩号 0+138.13、0+141.13、0+146.26 断面最大流速分别为 0.735、0.738、0.754 m/s。

由表 15-39 可知,桩号 0+150.00、0+175.00、0+200.00 各测点位置流速沿高程变化不大,断面平均流速的横向变化曲线如图 15-80 所示,图 15-80 中测点位置按照从右岸到左岸的顺序排列。由图 15-80 可知,由于水流自集鱼平台及其两侧向下游扩散,靠近左岸流速大,桩号 0+150.00、0+175.00、0+200.00 断面最大流速分别出现在 25#测点、31#测点和 38#测点,最大流速分别为 0.692、0.669、0.617 m/s。不同高程的流速矢量及分布云图如图 15-81,下游河道在不同高程的流速分布相近,水流沿左岸边墙扩散,并在下游形成回流。

表 15-39   进鱼口及下游河道流速分布   单位:m/s

桩号	测点	高程			平均值	最大值	最小值
		843.90 m	844.70 m	845.50 m			
0+138.13	1	0.419	0.552	0.491	0.488	0.552	0.419
	2	0.595	0.735	0.693	0.674	0.735	0.595
	3	0.468	0.501	0.689	0.552	0.689	0.468
	4	0.417	0.482	0.338	0.412	0.482	0.338
	5	0.594	0.624	0.601	0.606	0.624	0.594
	6	0.653	0.674	0.642	0.656	0.674	0.642
	7	0.619	0.639	0.616	0.625	0.639	0.616
0+141.13	8	0.440	0.565	0.509	0.505	0.565	0.440
	9	0.603	0.738	0.695	0.679	0.738	0.603
	10	0.491	0.525	0.687	0.568	0.687	0.491
	11	0.577	0.633	0.541	0.584	0.633	0.541
	12	0.606	0.635	0.624	0.622	0.635	0.606
	13	0.639	0.666	0.639	0.648	0.666	0.639
	14	0.650	0.656	0.627	0.645	0.656	0.627
0+146.26	15	0.584	0.718	0.712	0.671	0.718	0.584
	16	0.648	0.687	0.754	0.696	0.754	0.648
	17	0.576	0.622	0.661	0.619	0.661	0.576
	18	0.667	0.705	0.672	0.681	0.705	0.667
	19	0.664	0.691	0.681	0.679	0.691	0.664
	20	0.644	0.674	0.659	0.659	0.674	0.644
	21	0.646	0.655	0.644	0.648	0.655	0.644
0+150.00	22	0.094	0.089	0.277	0.153	0.277	0.089
	23	0.520	0.641	0.671	0.611	0.671	0.520
	24	0.646	0.692	0.672	0.670	0.692	0.646
	25	0.658	0.692	0.675	0.675	0.692	0.658
	26	0.611	0.642	0.635	0.630	0.642	0.611
0+175.00	27	0.145	0.203	0.222	0.190	0.222	0.145
	28	0.363	0.408	0.437	0.403	0.437	0.363
	29	0.555	0.603	0.612	0.590	0.612	0.555
	30	0.602	0.668	0.666	0.645	0.668	0.602
	31	0.597	0.669	0.657	0.641	0.669	0.597
	32	0.502	0.603	0.574	0.560	0.603	0.502

续表 15-39

桩号	测点	高程			平均值	最大值	最小值
		843.90 m	844.70 m	845.50 m			
0+200.00	33	0.207	0.207	0.207	0.207	0.207	0.207
	34	0.289	0.292	0.293	0.291	0.293	0.289
	35	0.369	0.375	0.376	0.373	0.376	0.369
	36	0.442	0.464	0.473	0.460	0.473	0.442
	37	0.498	0.571	0.599	0.556	0.599	0.498
	38	0.553	0.617	0.615	0.595	0.617	0.553
	39	0.479	0.550	0.536	0.521	0.550	0.479

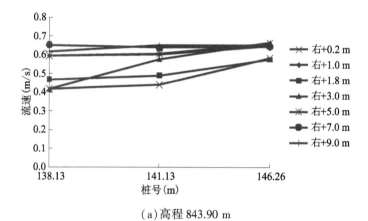

（a）高程 843.90 m

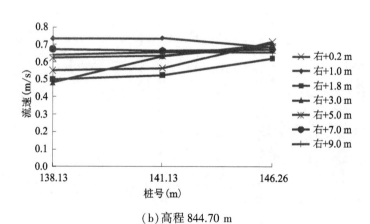

（b）高程 844.70 m

图 15-79　不同高程位置流速沿程分布

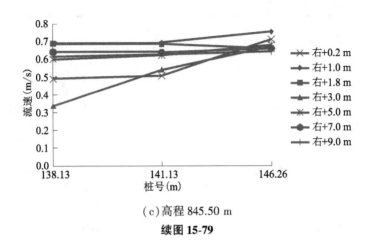

（c）高程 845.50 m

续图 15-79

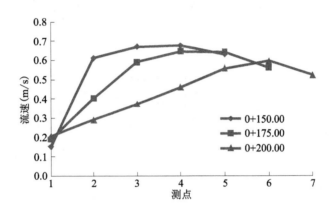

图 15-80　测点平均流速横向变化曲线

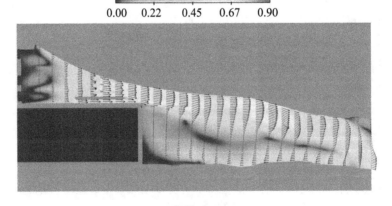

（a）高程 843.90 m

图 15-81　流速矢量及分布云图

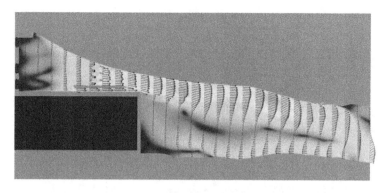

(b)高程 844.70 m

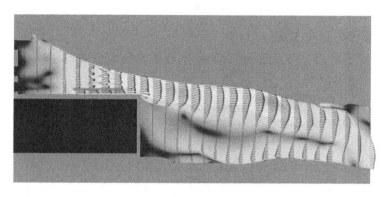

(c)高程 845.50 m

续图 15-81

3.集鱼系统及上下游河道水深分布

计算区域的水深与水面高程分布云图如图 15-82 和图 15-83 所示,由两图可知,集鱼系统及上下游河道的水面高程变化较小,在集鱼系统以及下游河道回流中心位置水面略有降低,集鱼平台内水深在 2.13~2.15 m。

水深(m)

0.00	2.38	4.75	7.13	9.50

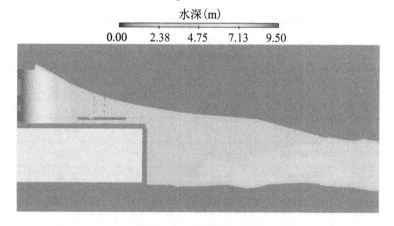

图 15-82 水深分布云图

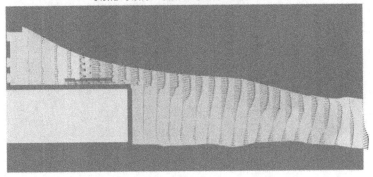

图 15-83　自由表面高程分布云图

15.3.4.2　流量 1.82 m³/s 工况

开启生态放水管,泄放生态基流 1.82 m³/s,下游水位 844.72 m。

1.集鱼通道流速分布

流量 1.82 m³/s 工况集鱼通道内流速测点布置与其他工况相同,测点布置如图 15-84 所示,各测点位置的流速分布见表 15-40。

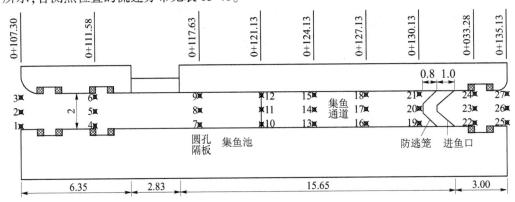

图 15-84　集鱼通道流速测点分布(单位:m)

表 15-40　　　　　　　　　　　　集鱼通道流速分布　　　　　　　　　　单位:m/s

测点	高程			平均值	最大值	最小值
	843.90 m	844.70 m	845.50 m			
1	0.144	0.143	0.143	0.143	0.144	0.143
2	0.146	0.146	0.146	0.146	0.146	0.146
3	0.150	0.150	0.150	0.150	0.150	0.150
4	0.166	0.181	0.190	0.179	0.190	0.166
5	0.188	0.189	0.189	0.189	0.189	0.188

续表 15-40

测点	高程			平均值	最大值	最小值
	843.90 m	844.70 m	845.50 m			
6	0.150	0.165	0.178	0.164	0.178	0.150
7	0.168	0.185	0.187	0.180	0.187	0.168
8	0.192	0.196	0.196	0.195	0.196	0.192
9	0.162	0.175	0.175	0.170	0.175	0.162
10	0.177	0.197	0.196	0.190	0.197	0.177
11	0.188	0.205	0.207	0.200	0.207	0.188
12	0.161	0.183	0.179	0.174	0.183	0.161
13	0.174	0.199	0.194	0.189	0.199	0.174
14	0.188	0.211	0.213	0.204	0.213	0.188
15	0.147	0.171	0.168	0.162	0.171	0.147
16	0.160	0.191	0.197	0.183	0.197	0.160
17	0.194	0.214	0.215	0.208	0.215	0.194
18	0.148	0.164	0.170	0.161	0.170	0.148
19	0.163	0.182	0.195	0.180	0.195	0.163
20	0.191	0.215	0.219	0.208	0.219	0.191
21	0.156	0.164	0.167	0.162	0.167	0.156
22	0.157	0.178	0.190	0.175	0.190	0.157
23	0.187	0.217	0.225	0.210	0.225	0.187
24	0.158	0.176	0.175	0.170	0.176	0.158
25	0.131	0.164	0.173	0.156	0.173	0.131
26	0.176	0.208	0.220	0.202	0.220	0.176
27	0.158	0.184	0.189	0.177	0.189	0.158
平均值	0.166	0.183	0.187	0.179	—	—
最大值	0.194	0.217	0.225	—	0.225	—
最小值	0.131	0.143	0.143	—	—	0.131

流量 1.82 m³/s 工况下,集鱼通道内流速分布较为均匀,流向顺直。集鱼通道内流速大小分布在 0.131~0.225 m/s,最小流速 0.131 m/s,最大流速 0.225 m/s,平均流速 0.179 m/s。通道内左、中、右 3 列测点流速沿程变化曲线如 15-85 所示,各列流速大小沿程变化不大,集鱼通道内中间流速大于左侧和右侧流速。不同高程位置的流速矢量及分布云图如图 15-86 所示。

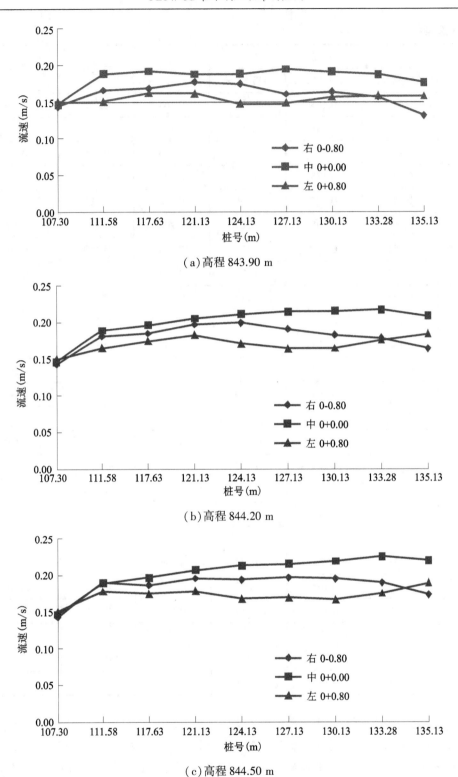

（a）高程 843.90 m

（b）高程 844.20 m

（c）高程 844.50 m

图 15-85　不同高程位置流速沿程分布

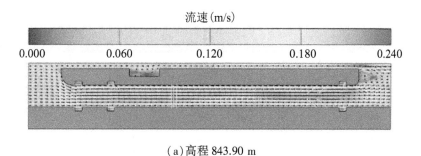

（a）高程 843.90 m

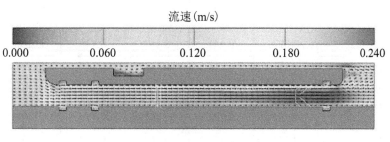

（b）高程 844.20 m

流速（m/s）

0.000　　　　0.060　　　　0.120　　　　0.180　　　　0.240

（c）高程 844.50 m

图 15-86　流速矢量及分布云图

2.进鱼口及下游河道流速分布

　　流量 1.82 m³/s 工况进鱼口附近流速测点布置与其他工况相同,测点布置如图 15-87 所示,各测点位置的流速分布见表 15-41。沿程(桩号 0+138.13、0+141.13、0+146.26)流速变化曲线如图 15-88 所示。

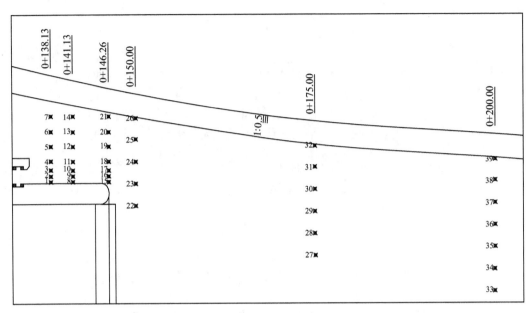

图 15-87　进鱼口及下游河道流速测点分布

表 15-41　　　　　　　　　　　　　　　　进鱼口及下游河道流速分布　　　　　　　　　　　　　单位:m/s

桩号	测点	高程			平均值	最大值	最小值
		843.90 m	844.70 m	845.50 m			
0+138.13	1	0.103	0.126	0.136	0.122	0.136	0.103
	2	0.126	0.164	0.187	0.159	0.187	0.126
	3	0.097	0.144	0.167	0.136	0.167	0.097
	4	0.131	0.118	0.115	0.122	0.131	0.115
	5	0.171	0.173	0.172	0.172	0.173	0.171
	6	0.191	0.191	0.183	0.188	0.191	0.183
	7	0.171	0.171	0.167	0.170	0.171	0.167
0+141.13	8	0.140	0.154	0.162	0.152	0.162	0.140
	9	0.149	0.170	0.185	0.168	0.185	0.149
	10	0.138	0.145	0.152	0.145	0.152	0.138
	11	0.179	0.187	0.189	0.185	0.189	0.179
	12	0.173	0.176	0.175	0.174	0.176	0.173
	13	0.184	0.186	0.180	0.183	0.186	0.180
	14	0.181	0.179	0.175	0.178	0.181	0.175

续表 15-41

桩号	测点	高程			平均值	最大值	最小值
		843.90 m	844.70 m	845.50 m			
0+146.26	15	0.213	0.239	0.252	0.235	0.252	0.213
	16	0.203	0.217	0.223	0.214	0.223	0.203
	17	0.182	0.191	0.196	0.189	0.196	0.182
	18	0.178	0.182	0.184	0.181	0.184	0.178
	19	0.173	0.177	0.177	0.176	0.177	0.173
	20	0.176	0.180	0.178	0.178	0.180	0.176
	21	0.176	0.174	0.168	0.173	0.176	0.168
0+150.00	22	0.041	0.041	0.040	0.041	0.041	0.040
	23	0.124	0.138	0.145	0.136	0.145	0.124
	24	0.154	0.160	0.166	0.160	0.166	0.154
	25	0.180	0.184	0.183	0.182	0.184	0.180
	26	0.169	0.172	0.168	0.170	0.172	0.168
0+175.00	27	0.095	0.098	0.099	0.098	0.099	0.095
	28	0.127	0.127	0.127	0.127	0.127	0.127
	29	0.160	0.163	0.164	0.163	0.164	0.160
	30	0.169	0.175	0.179	0.174	0.179	0.169
	31	0.165	0.176	0.181	0.174	0.181	0.165
	32	0.150	0.159	0.160	0.156	0.160	0.150
0+200.00	33	0.083	0.090	0.095	0.089	0.095	0.083
	34	0.087	0.096	0.102	0.095	0.102	0.087
	35	0.089	0.099	0.107	0.098	0.107	0.089
	36	0.087	0.098	0.106	0.097	0.106	0.087
	37	0.075	0.084	0.090	0.083	0.090	0.075
	38	0.049	0.053	0.056	0.053	0.056	0.049
	39	0.028	0.031	0.032	0.031	0.032	0.028

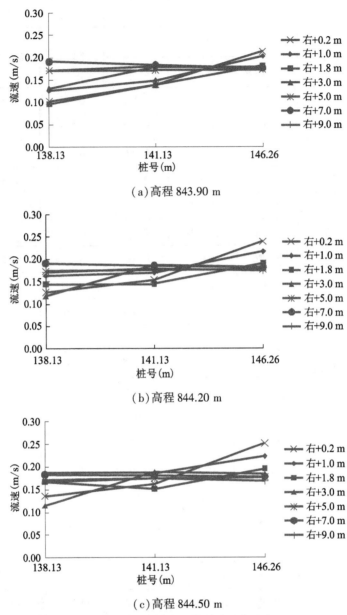

(a)高程 843.90 m

(b)高程 844.20 m

(c)高程 844.50 m

图 15-88　不同高程位置流速沿程分布

　　桩号 0+138.13、0+141.13、0+146.26 测点流速变化不大。由于桩号 0+146.26 处过流宽度最小,15#~21#测点流速较大,流速大小分布在 0.168~0.252 m/s。桩号 0+138.13、0+141.13、0+146.26 断面最大流速分别为 0.191、0.189、0.252 m/s。

　　由表 15-41 可知,桩号 0+150.00、0+175.00、0+200.00 各测点位置流速沿高程变化不大,断面平均流速的横向变化曲线如图 15-89 所示。由图 15-89 可知,由于水流自集鱼平台及其两侧向下游扩散,桩号 0+150.00、0+175.00 靠近左岸位置流速明显大于右岸,桩号 0+200.00 靠近左岸位置流速小于右岸。桩号 0+150.00、0+175.00、0+200.00 断面最大流速分别出现在 25#测点、31#测点和 35#测点,最大流速分别为 0.184、0.181、0.107 m/s。不同高程的流速矢量及分布云图如图 15-90 所示。

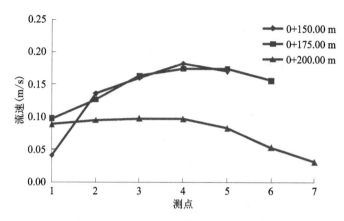

图 15-89　测点平均流速横向变化曲线

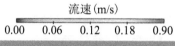

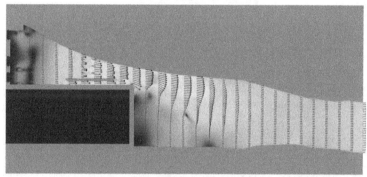

（a）高程 843.90 m

（b）高程 844.20 m

图 15-90　流速矢量及分布云图

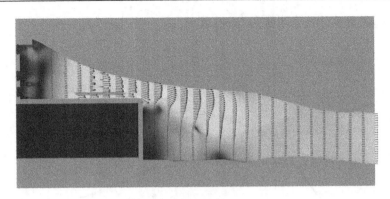

（c）高程 844.50 m

续图 15-90

3.集鱼系统及上下游河道水深分布

计算区域的水深与水面高程分布云图如图 15-91 和图 15-92 所示,由两图可知,集鱼系统以及上下游河道水面高程变化较小,在集鱼系统以及下游河道回流区域水面略有降低,集鱼平台内水深在 1.13～1.14 m。

水深(m)

0.00　2.13　4.25　6.38　8.50

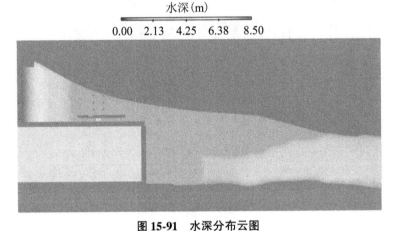

图 15-91　水深分布云图

表面高程(m)

844.70　844.71　844.72　844.73　844.74

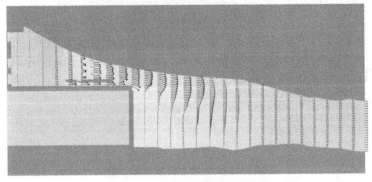

图 15-92　自由表面高程分布云图

15.3.4.3 数模成果小结

（1）集鱼通道内水流流态及流速：集鱼通道内流速分布均匀，流向顺直，上游进口水流偏向右侧，集鱼通道内左侧流速偏小。流量 14.45 m³/s 工况下集鱼通道内流速范围为 0.552~0.821 m/s；流量 1.82 m³/s 工况下集鱼通道内流速范围为 0.131~0.225 m/s。

（2）集鱼系统进鱼口附近水流流态及流速：水流流出集鱼平台后，与通道外左侧水流冲撞汇合，受此影响，各工况下桩号 0+138.13 处多个测点流速较小。由于桩号 0+146.26 处过流宽度最小，各工况下 15#~21# 测点流速均较大。流量 14.45 m³/s 工况下桩号 0+138.13、0+141.13、0+146.26 断面最大流速分别为 0.735、0.738、0.754 m/s；流量 1.82 m³/s 工况下桩号 0+138.13、0+141.13、0+146.26 断面最大流速分别为 0.191、0.189、0.252 m/s。

（3）下游 0+150.00—0+200.00 河道水流流态及最大流速：水流通过集鱼系统及两侧向下游扩散，流量 14.45 m³/s 工况下 0+150.00、0+175.00、0+200.00 断面最大流速分别为 0.692、0.669、0.617 m/s；流量 1.82 m³/s 工况下 0+150.00、0+175.00、0+200.00 m 断面最大流速分别为 0.184、0.181、0.107 m/s。

（4）各工况集鱼系统水深：集鱼系水面平稳水深变化不大，流量 14.45 m³/s 工况下集鱼平台内水深在 2.13~2.15 m；流量 1.82 m³/s 工况下集鱼平台内水深在 1.13~1.14 m。

15.3.5 物理模型试验成果

15.3.5.1 流量 14.45 m³/s 工况

1.集鱼系统

流量 14.45 m³/s 工况下游水位为 845.77 m，电站出口至下游河道沿程水面坡降不大，实测集鱼系统区域水面高程为 845.80 m 左右。集鱼系统内共设 9 个测流断面，位置和桩号分别为：进水口（0+105.30）、上游闸门段（0+111.58）、圆孔隔板上游侧（0+115.63）、集鱼通道断面 1（0+121.13）、集鱼通道断面 2（0+124.13）、集鱼通道断面 3（0+127.13）、集鱼通道断面 4（0+130.13）、下游闸门段（0+133.28）和下游进鱼口（0+135.13），每个断面沿横向及高度方向分别布设 3 个流速测点，观测水流流速各个方向的变化情况。

集鱼系统沿程流速分布见表 15-42 和如图 15-93 所示。集鱼系统上游进水口水面平稳，水流流态较好，水流进入集鱼系统后断面流速均匀分布。集鱼通道至下游进鱼口水流流线顺直水流流态较好，水面平稳，流速横向分布对称均匀，无漩涡、回流等不利流态产生，集鱼通道内各测点平均流速在 0.517~0.602 m/s，各测点沿垂向表、中流速变化不大，均略大于底流速，如图 15-94 所示。

表 15-42 集鱼系统流速分布 单位：m/s

位置（桩号）	测点	表	中	底	最大值	最小值	平均值
上游进水口 (0+105.30)	左	0.462	0.43	0.433	0.462	0.43	0.442
	中	0.468	0.49	0.503	0.503	0.468	0.487
	右	0.496	0.436	0.468	0.496	0.436	0.467
上游闸门段 (0+111.58)	左	0.595	0.604	0.595	0.604	0.595	0.598
	中	0.613	0.623	0.534	0.623	0.534	0.590
	右	0.553	0.541	0.531	0.553	0.531	0.542
圆孔隔板上游侧 (0+115.63)	左	0.585	0.613	0.547	0.613	0.547	0.582
	中	0.576	0.636	0.538	0.636	0.538	0.583
	右	0.632	0.598	0.465	0.632	0.465	0.565
集鱼通道断面 1 (0+121.13)	左	0.585	0.626	0.496	0.626	0.496	0.569
	中	0.613	0.598	0.515	0.613	0.515	0.575
	右	0.569	0.547	0.459	0.569	0.459	0.525
集鱼通道断面 2 (0+124.13)	左	0.557	0.557	0.436	0.557	0.436	0.517
	中	0.607	0.62	0.468	0.62	0.468	0.565
	右	0.626	0.588	0.44	0.626	0.44	0.551
集鱼通道断面 3 (0+127.13)	左	0.617	0.648	0.503	0.648	0.503	0.589
	中	0.648	0.626	0.531	0.648	0.531	0.602
	右	0.617	0.547	0.471	0.617	0.471	0.545
集鱼通道断面 4 (0+130.13)	左	0.528	0.607	0.474	0.607	0.474	0.536
	中	0.591	0.645	0.496	0.645	0.496	0.577
	右	0.623	0.607	0.465	0.623	0.465	0.565
下游闸门段 (0+133.28)	左	0.541	0.572	0.481	0.572	0.481	0.531
	中	0.639	0.642	0.503	0.642	0.503	0.595
	右	0.585	0.522	0.468	0.585	0.468	0.525
下游进鱼口 (0+135.13)	左	0.582	0.607	0.472	0.607	0.472	0.554
	中	0.62	0.607	0.487	0.62	0.487	0.571
	右	0.617	0.601	0.43	0.617	0.43	0.549

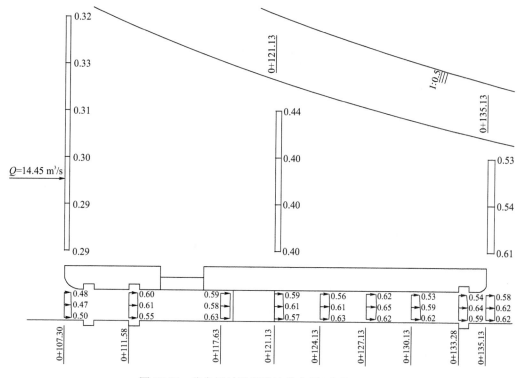

图 15-93　集鱼系统沿程流速分布图(单位:m/s)

2.进鱼口及下游河道

　　集鱼系统进鱼口及下游河道共布设 6 个测流断面,位置和桩号分别为:进鱼口下游断面 1(0+138.13)、进鱼口下游断面 2(0+141.13)、进鱼口下游断面 3(0+146.26)、进鱼口下游断面 4(0+150.00)、进鱼口下游断面 5(0+175.00)、进鱼口下游断面 6(0+200.00),每个断面沿横向布设流速测点若干(每 2.0~3.0 m 布设一个测点),沿高度方向布置 3 个流速测点,观测水流流速各个方向的变化情况。

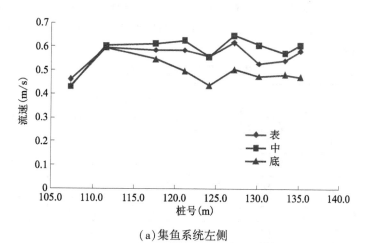

(a)集鱼系统左侧

图 15-94　集鱼系统表、中、底流速分布图

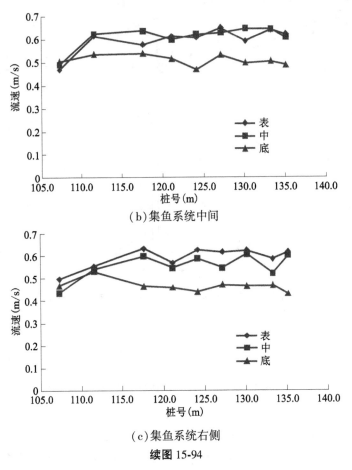

（b）集鱼系统中间

（c）集鱼系统右侧

续图 15-94

进鱼口及下游河道沿程流速分布见表 15-43 和如图 15-95 所示。水流经过集鱼系统后与左侧过水通道水流交汇冲撞,在进鱼口左侧边墙下游侧流速略小。0+146.26 断面后水面扩宽,主流偏向左岸流速沿程逐步降低,右侧水流掺混扩散较快,水流分层现象明显,流速明显降低,河道右侧有一个大范围的静水区。6 个测流断面(桩号 0+138.13、0+141.13、0+146.26、0+150.00、0+175.00、0+200.00)的最大流速分别为:0.601、0.623、0.579、0.686、0.702、0.689 m/s。

表 15-43　　　　　　　　　　进鱼口及下游河道流速分布　　　　　　　　单位:m/s

位置(桩号)	测点	表	中	底	最大值	最小值	平均值
进鱼口下游断面 1 (0+138.13)	右+0.2 m	0.449	0.430	0.288	0.449	0.288	0.389
	+1.0 m	0.522	0.534	0.370	0.534	0.370	0.475
	+1.8 m	0.462	0.452	0.364	0.462	0.364	0.426
	+3.0 m	0.354	0.345	0.338	0.354	0.338	0.346
	+5.0 m	0.582	0.601	0.525	0.601	0.525	0.569
	+7.0 m	0.585	0.601	0.569	0.601	0.569	0.585
	+9.0 m	0.579	0.585	0.569	0.585	0.569	0.578

续表 15-43

位置（桩号）	测点	表	中	底	最大值	最小值	平均值
进鱼口下游断面 2（0+141.13）	右+0.2 m	0.503	0.519	0.354	0.519	0.354	0.459
	+1.0 m	0.534	0.509	0.414	0.534	0.414	0.486
	+1.8 m	0.487	0.534	0.455	0.534	0.455	0.492
	+3.0 m	0.481	0.487	0.446	0.487	0.446	0.471
	+5.0 m	0.610	0.607	0.496	0.610	0.496	0.571
	+7.0 m	0.582	0.623	0.515	0.623	0.515	0.573
	+9.0 m	0.610	0.585	0.563	0.610	0.563	0.586
进鱼口下游断面 3（0+146.26）	右+0.2 m	0.500	0.553	0.493	0.553	0.493	0.515
	+1.0 m	0.569	0.579	0.493	0.579	0.493	0.547
	+1.8 m	0.569	0.538	0.474	0.569	0.474	0.527
进鱼口下游断面 4（0+150.00）	左+0.2 m	0.686	0.661	0.506	0.686	0.506	0.618
	+3.0 m	0.667	0.680	0.538	0.680	0.538	0.628
	+6.0 m	0.642	0.645	0.607	0.645	0.607	0.631
	+9.0 m	0.515	0.493	0.357	0.515	0.357	0.455
进鱼口下游断面 5（0+175.00）	左+0.2 m	0.686	0.598	0.449	0.686	0.449	0.578
	+3.0 m	0.702	0.623	0.528	0.702	0.528	0.618
	+6.0 m	0.677	0.572	0.386	0.677	0.386	0.545
	+9.0 m	0.490	0.493	0.398	0.493	0.398	0.460
	+12.0 m	0.168	0.085	0.114	0.168	0.085	0.122
进鱼口下游断面 6（0+200.00）	左+0.2 m	0.525	0.544	0.389	0.544	0.389	0.486
	+3.0 m	0.689	0.550	0.579	0.689	0.550	0.606
	+6.0 m	0.661	0.651	0.373	0.661	0.373	0.562
	+9.0 m	0.455	0.550	0.342	0.550	0.342	0.449
	+12.0 m	0.354	0.215	0.285	0.354	0.215	0.285
	+15.0 m	0.142	0.237	0.041	0.237	0.041	0.140
	+18.0 m	0.104	0.114	0.149	0.149	0.104	0.122

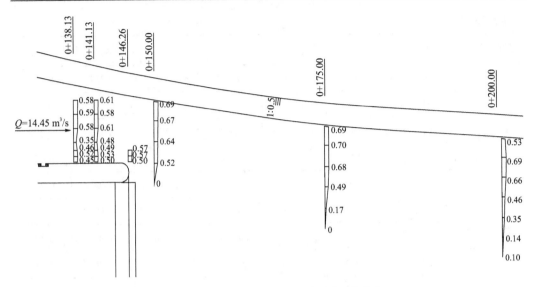

图 15-95　进鱼口及下游河道沿程流速分布图(单位:m/s)

15.3.5.2　流量 1.82 m³/s 工况

1.集鱼系统

　　流量 1.82 m³/s 工况下游水位为 844.72 m,沿程水面坡降不大,实测集鱼系统区域水面高程为 844.73 m 左右。集鱼系统内共设 9 个测流断面,每个断面沿横向布设 3 个流速测点,沿高度方向布设 2 个流速测点。集鱼系统沿程流速分布见表 15-44 和如图 15-96 所示。集鱼系统上游进水口水面平稳,水流流态较好,水流进入集鱼系统后断面流速均匀分布。集鱼通道至下游进鱼口水流流线顺直水流流态较好,水面平稳,流速横向分布对称均匀,无漩涡、回流等不利流态产生,集鱼通道内各测点平均流速在 0.095~0.155 m/s,表、底流速沿垂向变化不大,如图 15-97 所示。

表 15-44　　　　　　　　　　　　　集鱼系统流速分布　　　　　　　　　　　　单位:m/s

位置(桩号)	测点	表	底	最大值	最小值	平均值
上游进水口 (0+105.30)	左	0.095	0.089	0.095	0.089	0.092
	中	0.108	0.095	0.108	0.095	0.102
	右	0.111	0.092	0.111	0.092	0.102
上游闸门段 (0+111.58)	左	0.130	0.120	0.130	0.120	0.125
	中	0.126	0.104	0.126	0.104	0.115
	右	0.114	0.111	0.114	0.111	0.113
圆孔隔板 上游侧 (0+115.63)	左	0.123	0.111	0.123	0.111	0.117
	中	0.136	0.114	0.136	0.114	0.125
	右	0.136	0.092	0.136	0.092	0.114
集鱼通道 断面 1 (0+121.13)	左	0.104	0.101	0.104	0.101	0.103
	中	0.133	0.108	0.133	0.108	0.121
	右	0.123	0.111	0.123	0.111	0.117

续表 15-44

位置（桩号）	测点	表	底	最大值	最小值	平均值
集鱼通道 断面 2 （0+124.13）	左	0.123	0.108	0.123	0.108	0.116
	中	0.152	0.114	0.152	0.114	0.133
	右	0.130	0.101	0.130	0.101	0.116
集鱼通道 断面 3 （0+127.13）	左	0.145	0.095	0.145	0.095	0.120
	中	0.142	0.101	0.142	0.101	0.122
	右	0.120	0.114	0.120	0.114	0.117
集鱼通道 断面 4 （0+130.13）	左	0.120	0.095	0.120	0.095	0.108
	中	0.155	0.130	0.155	0.130	0.143
	右	0.111	0.111	0.111	0.111	0.111
下游闸门段 （0+133.28）	左	0.145	0.111	0.145	0.111	0.128
	中	0.142	0.104	0.142	0.104	0.123
	右	0.104	0.085	0.104	0.085	0.095
下游进鱼口 （0+135.13）	左	0.120	0.108	0.120	0.108	0.114
	中	0.149	0.114	0.149	0.114	0.132
	右	0.082	0.095	0.095	0.082	0.089

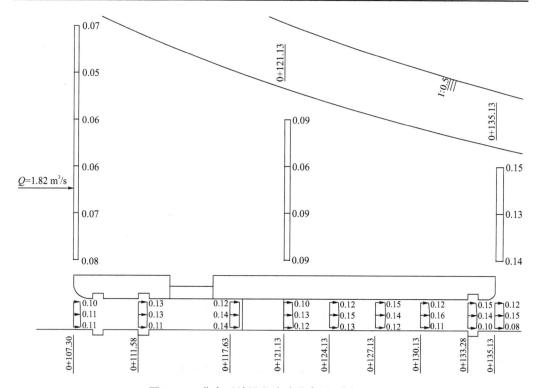

图 15-96　集鱼系统沿程流速分布图（单位：m/s）

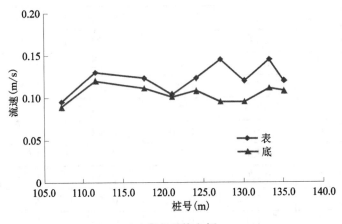

（a）集鱼系统左侧

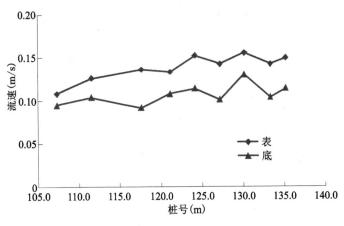

（b）集鱼系统中间

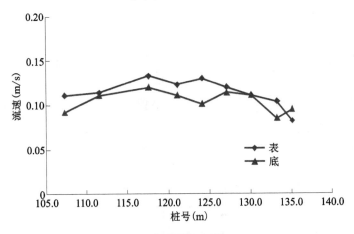

（c）集鱼系统右侧

图 15-97　集鱼系统表、底流速分布图

2.进鱼口及下游河道

进鱼口及下游河道共布设6个测流断面,每个断面沿横向布设流速测点若干(每2.0~3.0 m布设一个测点),沿垂向布置2个流速测点。进鱼口及下游河道沿程流速分布见表15-45和如图15-98所示。水流经过集鱼系统后与左侧过水通道水流交汇。0+146.26断面后水面扩宽,主流偏向左岸流速沿程逐步降低,右侧水流掺混扩散较快,水流分层现象明显,流速明显降低,河道右侧有一个大范围的静水区。6个测流断面(0+138.13、0+141.13、0+146.26、0+150.00、0+175.00、0+200.00)的最大流速分别为:0.142、0.152、0.130、0.158、0.155、0.158。

表 15-45 进鱼口及下游河道流速分布 单位:m/s

位置(桩号)	测点	表	底	最大值	最小值	平均值
进鱼口下游断面1 (0+138.13)	右+0.2 m	0.101	0.063	0.101	0.063	0.082
	+1.0 m	0.120	0.101	0.120	0.101	0.111
	+1.8 m	0.089	0.073	0.089	0.073	0.081
	+3.0 m	0.114	0.114	0.114	0.114	0.114
	+5.0 m	0.142	0.136	0.142	0.136	0.139
	+7.0 m	0.133	0.098	0.133	0.098	0.116
	+9.0 m	0.136	0.133	0.136	0.133	0.135
进鱼口下游断面2 (0+141.13)	右+0.2 m	0.108	0.079	0.108	0.079	0.094
	+1.0 m	0.108	0.108	0.108	0.108	0.108
	+1.8 m	0.108	0.098	0.108	0.098	0.103
	+3.0 m	0.139	0.130	0.139	0.130	0.135
	+5.0 m	0.152	0.145	0.152	0.145	0.149
	+7.0 m	0.142	0.149	0.149	0.142	0.146
	+9.0 m	0.139	0.149	0.149	0.139	0.144
进鱼口下游断面3 (0+146.26)	右+0.2 m	0.114	0.108	0.114	0.108	0.111
	+1.0 m	0.130	0.126	0.130	0.126	0.128
	+1.8 m	0.130	0.117	0.130	0.117	0.124
进鱼口下游断面4 (0+150.00)	左+0.2 m	0.158	0.123	0.158	0.123	0.141
	+3.0 m	0.158	0.133	0.158	0.133	0.146
	+6.0 m	0.155	0.152	0.155	0.152	0.154
	+9.0 m	0.120	0.117	0.120	0.117	0.119
进鱼口下游断面5 (0+175.00)	左+0.2 m	0.089	0.079	0.089	0.079	0.084
	+3.0 m	0.152	0.142	0.152	0.142	0.147
	+6.0 m	0.155	0.095	0.155	0.095	0.125
	+9.0 m	0.092	0.101	0.101	0.092	0.097

续表 15-45

位置(桩号)	测点	表	底	最大值	最小值	平均值
进鱼口下游 断面 6 (0+200.00)	左+0.2 m	0.123	0.114	0.123	0.114	0.119
	+3.0 m	0.158	0.111	0.158	0.111	0.135
	+6.0 m	0.139	0.120	0.139	0.120	0.130
	+9.0 m	0.123	0.098	0.123	0.098	0.111
	+12.0 m	0.051	0.032	0.051	0.032	0.042

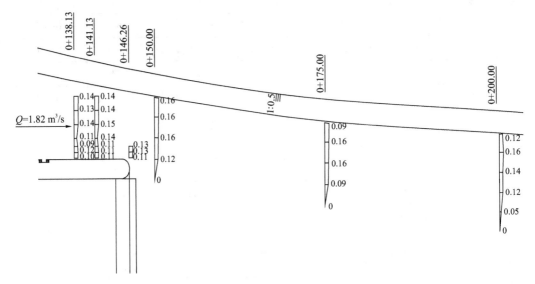

图 15-98 进鱼口及下游河道沿程流速分布图(单位:m/s)

15.3.5.3 成果小结

(1)集鱼通道内水流流态及流速:集鱼通道内水流流线顺直水流流态较好,水面平稳,流速横向分布基本对称均匀,无漩涡、回流等不利流态产生。流量 14.45 m³/s 工况下集鱼通道内流速范围为 0.517~0.602 m/s;流量 1.82 m³/s 工况下集鱼通道内流速范围为 0.095~0.155 m/s。

(2)集鱼系统进鱼口及下游河道水流流态及流速:水流经过集鱼系统后与左侧过水通道水流交汇。0+146.26 断面后水面扩宽,主流偏向左岸流速沿程逐步降低。流量 14.45 m³/s 工况下 6 个测流断面(0+138.13、0+141.13、0+146.26、0+150.00、0+175.00、0+200.00)的最大流速分别为:0.601、0.623、0.579、0.686、0.702、0.689 m/s。流量 1.82 m³/s 工况下 6 个测流断面的最大流速分别为:0.142、0.152、0.130、0.158、0.155、0.158 m/s。

(3)各工况集鱼系统水深:集鱼系统水面平稳沿程水面坡降不大,流量 14.45 m³/s 工况下集鱼系统水面高程为 845.80 m;流量 1.82 m³/s 工况下集鱼系统水面高程为844.73 m。

(4)根据整体物理模型试验测试数据计算,集鱼通道内水流流量:流量 14.45 m³/s 工况集鱼通道内水流流量为 2.477 m³/s;流量 1.82 m³/s 工况集鱼通道内水流流量为 0.264 m³/s。

15.3.6 成果分析

凤山水库工程集鱼系统试验研究通过采用物理模型试验、数值模拟和理论分析计算相结合的综合技术手段开展。在建立集鱼系统三维紊流数学模型研究的基础上开展集鱼系统整体物理模型试验,对集鱼通道、进鱼口及下游河道部分区域水流流态、流速分布及水深等进行了细致量测。主要结论及建议如下:

(1)各个工况下集鱼通道内水流流线顺直水流流态较好,水面平稳无漩涡、回流等不利流态产生。数模计算流量 14.45 m³/s 工况下集鱼通道内流速范围为 0.552~0.821 m/s;流量 1.82 m³/s 工况下集鱼通道内流速范围为 0.131~0.225 m/s。物模实测流量 14.45 m³/s 工况下集鱼通道内流速范围为 0.517~0.602 m/s;流量 1.82 m³/s 工况下集鱼通道内流速范围为 0.095~0.155 m/s。

(2)本工程下游水位较高,集鱼系统水面平稳沿程水面坡降不大,试验工况下集鱼系统至下游河道水位控制点(坝下 200 m)水位落差仅为 1~3 cm,下游河道主流区偏向左侧,可为鱼类提供一个理想的上溯流场。

(3)数值模拟计算成果与整体物理模型试验成果在水流流态、流速分布和集鱼系统内水流水位等方面基本一致。数值模拟成果和物理模型试验成果均可作为设计参考依据。